普通高等教育工业设计专业"十三五"规划教材

GONGYE SHEJI ZHUANTI YU SHIJIAN

工业设计专题与实践

冯乙　编著

中国水利水电出版社
www.waterpub.com.cn

·北京·

内 容 提 要

本书以工业设计专题为切入点，讲述了工业设计专题的选题原则和方法，对工业设计专题的调研、专题的实施以及专题设计的作品展示等方面进行了详细的讲述，并穿插了大量的工业设计专题案例，探讨工业设计专题的开展方法，培养学生独立开展设计的能力。全书最后一章提供了3个工业设计专题的案例，对工业设计专题的开展方法进行了示范。希望通过设计专题训练，培养学生分析问题的能力，锻炼学生创新设计的能力。本书适用于研究生、本科、专科、高职等不同层次工业设计专业的学生及相关设计人员。

图书在版编目（CIP）数据

工业设计专题与实践 / 冯乙编著. -- 北京 ： 中国
水利水电出版社，2019.9
普通高等教育工业设计专业"十三五"规划教材
ISBN 978-7-5170-7944-6

Ⅰ. ①工… Ⅱ. ①冯… Ⅲ. ①工业设计－高等学校－
教材 Ⅳ. ①TB47

中国版本图书馆CIP数据核字(2019)第192837号

书　　名	普通高等教育工业设计专业"十三五"规划教材 **工业设计专题与实践** GONGYE SHEJI ZHUANTI YU SHIJIAN	
作　　者	冯乙　编著	
出版发行	中国水利水电出版社 （北京市海淀区玉渊潭南路1号D座　100038） 网址：www.waterpub.com.cn E-mail：sales@waterpub.com.cn 电话：(010) 68367658（营销中心）	
经　　售	北京科水图书销售中心（零售） 电话：(010) 88383994、63202643、68545874 全国各地新华书店和相关出版物销售网点	
排　　版	中国水利水电出版社微机排版中心	
印　　刷	北京博图彩色印刷有限公司	
规　　格	210mm×285mm　16开本　5.75印张　158千字	
版　　次	2019年9月第1版　2019年9月第1次印刷	
印　　数	0001—3000 册	
定　　价	**29.00**元	

前言
Preface

当今世界，经济及科技迅猛发展，信息化对用户的影响日益加深，社会文化的多元化和人们审美欣赏水平的提高，使得工业设计比以往变得更复杂，工业设计所涉及的学科也越来越多。当前消费市场呈现出多元化、多层面、个性化的时代特征，工业设计的复杂性比以往任何时候都要强，设计需要依托新技术、新材料、新工艺来满足日趋明显的"以人为本"的新时期的设计趋势。

工业设计专题研究课程是体现学生综合设计素质的核心课程，主要面向工业设计专业的研究生及高年级本科生，是对学生所学设计理论和技能进行的一次完整训练，为毕业设计及实习工作打下扎实基础。

专题设计课程将理论研究与设计实践相结合，通过明确的设计专题目标和系统的设计方法进行设计创新。课程训练的目标紧扣学生毕业后的工作岗位，为顺利过渡到企业就业或深造打好基础。

工业设计专题教学的基本流程为：教师布置专题设计的课程任务，讲授基本的操作方法，指导学生开展调研，确定设计需求，寻找设计灵感，最后完成专题设计。学生在教师的指导下，有明确的设计任务，了解设计开展的方法；教师在各环节给学生进行指导，并对学生的设计活动进行评价。

长期以来，工业设计院校经常地以分块训练学生设计技能的方式开设课程，一般在低年级开设设计基础训练类课程，高年级开设设计思维类课程。这类模式的优点是学生的设计技能可以有效地得到强化训练，缺点是学生设计能力的系统性较差，课程的训练方式容易与社会实际脱节。

工业设计专题与实践课程，是为了适应当前新形势而设立的一门综合性课程。课程以专题形式开展，更贴近企业生产实践的需求。此课程让学生系统地学习专题设计的方法和流程，掌握市场调研、提出设计愿景、发现设计机会、定义用户需求以及设计方案实施的设计方法，通过对工业设计专题的全流程的设计参与，更加系统地训练学生的设计能力。

实现中华民族伟大复兴，需要各方面的专业人才，尤其需要高素质的创新型设计人才。希望本书的出版，能为我国工业设计专业的发展提供新思路，为高校工业设计专业人才的培养提供借鉴。

冯乙

2019 年 2 月

目 录

Contents

第 1 章

Chapter 1

专题设计与研究概述

1.1 专题设计的定义

专题设计是指围绕具体的产品开发而展开的一整套的设计活动，包括发现市场机会、定义用户需求、明确设计任务、提出设计概念、开展方案设计、产品制造、产品包装、产品销售和运输。工业设计师在专题产品的设计课题中协同合作，在整个设计活动中发挥着重要作用。

工业设计的范畴正在变得越来越广，设计的复杂性比以往更强。信息技术、经济的发展，社会文化的多元化和人们审美欣赏水平的提高，都使设计比以往更复杂。工业设计所涉及的学科面也越来越广，面对新的转变，需要有针对性的课程模式与之相适应。专题设计正是为应对这一转变而设立的课程，学生可以系统地对相关专题进行全流程的设计参与，以提高设计能力（图 1-1、图 1-2）。

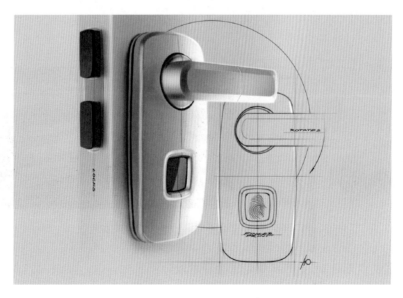

图 1-1 智能门锁设计

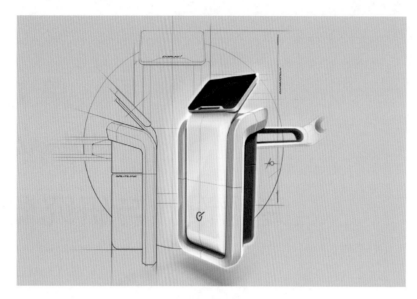

图 1-2　智能医疗产品设计

　　工业设计涉及技术、工艺、管理、品牌、销售等因素，企业的规模有大有小，公司战略、文化也有差异。本书的重点是围绕专题设计的过程，就产品的专题策划、选择、实施进行论述，目的是使学生具备现代工业设计思维，更准确地把握专题工业设计的各环节要领，切实满足消费者需求，发掘设计机会，创造突破性的产品。

　　为对专题设计有初步的了解，可以先来看以下几个专题设计范例。

专题设计范例 1：汽车安全专题设计

　　汽车自救器有 3 个功能：切割安全带，用气动锤打破窗户，用二氧化碳灭火。平时可以把它放在车内前方的储存箱内。从物理知识知道，二氧化碳气体被压缩到瓶中，如果将二氧化碳气体喷出压缩罐，二氧化碳气体将瞬间扩展到高速气流，它的压力可以让空气锤瞬间敲碎玻璃，这样车内人员就可以在车内水位低的情况下打碎玻璃顺利逃生（见图 1-3）。

图 1-3　汽车安全专题设计——汽车自救器

专题设计范例 2：自行车运动安全专题设计

　　自行车安全警示灯相当于一个信号投影仪，作为信号和相关警告的标志，可以更好地提醒骑行者身后开车或骑车的人。这个产品非常容易安装于自行车坐垫下方，连接到手机智能软件上，可实时为用户提供光信号，并把光亮投射在骑行者的后背上，使后方的人和车辆可以及时看到信号（见图 1-4）。

图 1-4　自行车运动安全专题设计——自行车运动员安全警示灯

专题设计范例 3：厨房用品专题设计之一

在洗米倒水的时候，人们习惯用手去挡住边缘以防止米粒流失，但总会流失一部分。为解决这个问题，设计师制作了这个网格过滤器，将合适的橡胶模具固定在锅具的边缘，这样洗米时就能轻松地过滤水分而不会造成米粒流失（见图 1-5）。

图 1-5　厨房用品专题设计——洗米过滤器

专题设计范例 4：厨房用品专题设计之二

经常做饭的朋友，大概都遇到过类似的情况，顺手把锅铲、汤勺往厨房操作台上一放——结果厨具上面的油汤全滴在台面上了。其实，一点很小的改进就能解决这个问题。

洁身自好的锅铲、汤勺的重心在把手一边，而把手和本体的交界处有一个支点，将它往台上一搁，勺头不会与台面接触，就不用担心滴油的问题了（见图 1-6）。

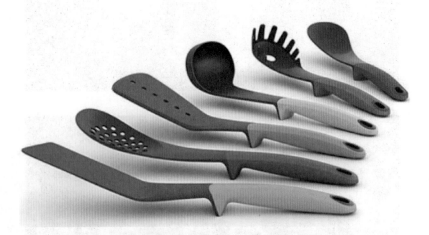

图 1-6　厨房用品专题设计——锅铲、汤勺

专题设计范例 5：厨房用品专题设计之三

洁身自好的筷子是日本设计师 Mikiya Kobayashi 对筷子进行的一点小改进，和普通筷子的造型不同，其背面是一个类似三角的造型，使重心在筷子末端，于是，不需要筷子架就能让筷子在平放的时候做到前端接触不到桌面，更加卫生（见图 1-7）。

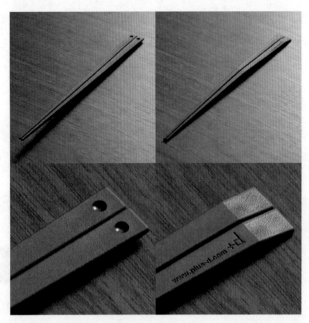

图 1-7　厨房用品专题设计——筷子

1.2 专题设计的意义和目的

1.2.1 专题设计的意义

工业产品专题设计研究的对象主要围绕工业设计中的基本概念和方法进行讲述分析，希望通过本课程的学习，使学生了解并掌握工业设计专业的系统设计理论和方法。专题设计课程主要以讲授式教学、启发式教学、讨论式教学和实用性实践教学为主，相互穿插融合，使教学方式更加符合学生的实际学习情况，巩固和完善专业知识，帮助提高学生学习和思考能力。

专题设计课程通过对教学手段的改良和优化，培养与社会实际相适应的实践动手能力强的工业设计人才。学生通过完成专题设计，掌握系统的设计理论知识和技术手段，为就业打下扎实的专业基础。

1.2.2 专题设计的目的

在专题设计中，设计师要运用工业设计诸多造型因素和审美原则，如技术、艺术、科学、美学、材料、工艺、心理和市场等。经历从设计调研、定义用户需求、提出设计概念、完善设计方案、方案表达和展示一系列完整的设计过程，从而更加接近企业的用人需求，提高专业核心竞争力。

通过工业设计专题训练，学生或设计师可以更加有效地把握以下几点：

（1）针对不同类型的产品快速导入相关的设计方法及流程，提高设计质量和效率。

（2）针对特定类型产品建立有效的设计定位，快捷、准确地把握工业设计的方向。

（3）有针对性地开发产品，把握特定专题设计的基本方法和规律，建立有效的设计流程与方法。

（4）对某一专题产品进行系统化研究，更全面地把握设计的审美、文化、技术、市场和需求等一系列要素之间的关系，使设计更合理，以满足消费者的需求。

总体来说，专题设计要求整合产品设计及相关学科的概念和研究方法，以前瞻性和概念性为方向，展开多主题的专题性设计探索，引导以创新的思考和观念在设计中扩展思路，将社会、生活、文化等相关知识应用于产品的创新开发，并在体验、文创产品、系统、交互、服务等设计工作中展开专题性的设计研究，把握设计概念化和视觉化过程中的可能性和可行性。

第2章
Chapter

专题设计的选题与设计流程

2.1 专题设计的选题原则

专题设计的选择课题能够充分地体现出学生对设计判断能力、审美能力、理解能力和综合设计发现问题、解决问题的能力。

专题设计应符合当前企业设计的实际和社会趋势，提高专题设计的实用性。通过深入、扎实、细致的社会市场调研，尝试解决现实生活中的实际问题。如通过设计满足人口老龄化、能源紧缺、环境污染以及城市拥堵等方面的需求。综合运用所学的各项专业知识和技能开展设计，在设计实践中强化训练以前所学的设计技能。

专题选题范例：儿童虚拟现实（VR）体验的设备

该专题的愿景是让孩子通过虚拟现实设备体验不同国家的文化，目的是让孩子不只是把 VR 作为一个娱乐设备，而更像是一个体验式的百科全书。图 2-1 是专为 4～12 岁的儿童设计的头戴显示设备和相机套装产品，让孩子与世界各地的

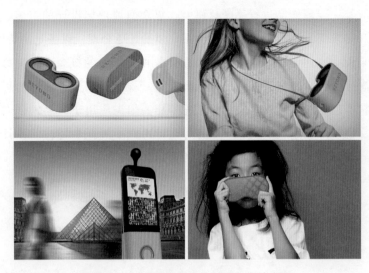

图 2-1 儿童虚拟现实体验设备设计专题

儿童互动和交流，从而体验不同国家的文化和生活。

2.2 专题设计的流程

各个国家和地区的设计师和机构对于设计流程都提出了各自的见解。例如英国设计机构提出的设计流程参考，分为概念阶段、设计阶段与实现阶段。美国 Frog 设计公司也强调设计的流程，设计项目一般要经过研究、探讨、定义、实施四个主要阶段，而工业设计在程序中以探讨阶段的视觉化沟通为主。

一般企业的产品设计流程通常可以概述为以下内容（图 2-2）：

（1）产品预研：客户沟通→产品分析。

（2）造型设计：绘制草图→草图评审→效果图设计→造型评审→外观手版制作→外观评审→造型确认。

（3）结构设计：结构设计→结构图评审→结构手版制作→手版评审→结构资料提交。

（4）模具加工：模具报价→模具评估→模具加工→T1 试模→试模检讨→T2 试模→产品量产。

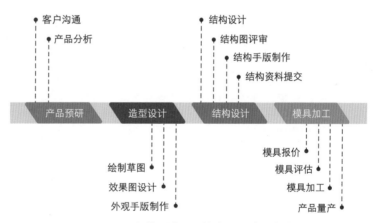

图 2-2　国内某设计公司的产品设计服务流程

在设计公司，工业设计不是一项孤立的工作，作为一个产品的设计、开发、研究、分析与产品企业的生产、销售、服务等各个环节都有着紧密的联系，也就是工业设计活动本身贯穿于企业产品开发、生产、销售的始终。高校工业设计专业的专题设计，学生还涉及不到与甲方沟通、签约、售后跟踪等环节，更加专注于设计本身的各环节。因此，专题性的概念设计过程一般分为开始项目、提出设计愿景，进行产品调研，定义用户的需求，提出设计概念，设计定案和方案呈现几个关键阶段，基本程序如图 2-3 所示。

图 2-3　专题设计的几个阶段

阶段一：开始项目、提出设计愿景。确定专题和项目进展的时间和人员配置。

阶段二：进行产品调研。本阶段主要理解该专题设计的产品、目的是什么，以及设计开展研究的条件是什么，对相关市场及竞争产品进行调研。

阶段三：定义用户的需求。根据调研结果，定义用户需求。

阶段四：提出设计概念。设计师根据前面的设计定位和市场调研结果提出满足用户需求的设计草案，然后对方案进行优选，完善设计细节，确定设计的概念。

阶段五：设计定案。对前一阶段的设计方案进行系统全面的分析研究。主要从产品的功能、色彩、人机学、材料、工艺及结构等方面进行可行性分析。得出相关的分析结果，完善设计方案。

阶段六：方案呈现。将前一阶段的设计方案以效果图、视频、模型或样机的方式呈现出来，完成工程图、效果图的绘制，以及产品模型和后期的展示制作。

第 3 章

Chapter 3

专题设计的调研

3.1 准备专题设计调研

3.1.1 调研的目的

设计调研的主要作用是通过信息把设计师和消费者、顾客及公众联系起来，这些信息用来辨别和界定市场机会和问题，产生、改善和估价市场方案，监控市场行为，改进对市场营销过程的认识，帮助设计师制定有效的设计与市场决策。

设计调研的目的是为了能有效指导设计活动开展和产生积极的结果。通俗点说，就是要弄清楚人们想要什么，然后通过设计给予他们。

专题设计调研对产品开发具有以下几方面的意义：①提高对市场因素的可控能力；②提高对市场机会的分辨能力；③提高对市场趋势的预见能力；④提高对市场风险的防范能力。

专题设计调研需要通过一系列的调研手段，定义用户的需求。这些调研手段包括访谈、观察、工作坊、问卷等。用户的需求可以分为表面需求和深层次需求。表面需求可以通过人们所说所做得到，但是深层次需求需要通过深度访谈、工作坊等方法才能发掘出来，需求与调研技术的对应关系见图 3-1。

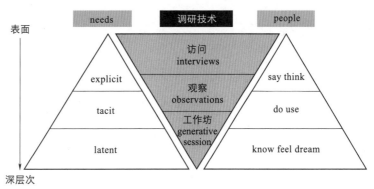

图 3-1 需求与调研技术的对应关系

3.1.2 调研的内容

在确定了课题主题方向后，要求学生根据课题执行标准逐步进行深入细致的产品分析及其相关的市场调研活动，通过四个层面有计划有目的地搜集各类资料信息：

（1）全面调查与重点调查相结合。

（2）书面调查与实地调研相结合。

（3）总结经验与研究策略相结合。

（4）多种方式方法相结合。

针对产品所处的阶段，设计调研通常可以分为两种形式"已有产品"和"全新产品"。针对"已有产品"，通过调研找出产品存在的问题并进行改进，提升产品体验。针对"全新产品"，通过调研提出设计原型，让用户进行体验，并不断改进和完善产品，直到满足用户需求。后者包含前者，贯穿于产品形成到消亡的整个过程。

设计调研的重点是提出问题，发现问题，进而分析问题。领会设计意图，明确设计的方向与目的，确定设计定位（见图3-2）。

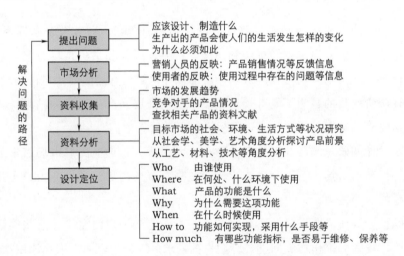

图3-2 专题设计调研的路径与内容

3.2 调研的流程

作为设计师，应有持续监视其周围环境变化的监控体系，以便把所收集来的各种信息进行分析，从而确定产品设计的输入条件。在专题设计研究中，消费者的需求是设计概念建立的前提，设计工作一般把消费者的使用目的与条件作为依据而展开。

以消费者导向型的产品创新，是以消费者的潜在需求为出发点的产品创新——消费者的所思、所想、所用、所关注，围绕消费者的人、物、事，从购买、使用到废弃处理的全过程等都可能成为创新的突破点。因此,课程应通过对消费者的潜在需求、参与信息过程的调研,来引导设计师发现当前市场需要的空白,进而设计出满足今天和明天市场需要的产品。图 3 - 3 是一个典型的设计调研流程图。

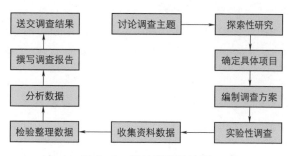

图 3 - 3　设计调研的流程

设计调研要达成以下目标:

(1) 发现潜在的消费者或市场需求。

(2) 发现设计开发中的具体问题点。

(3) 探索概念产品化的可能性。

(4) 预测相关产品的流行倾向。

3.3　专题调研的方法

设计调研根据时间顺序分为"数据采集"和"调研分析"。但是在设计调研中也不仅仅在开始时需要数据采集,可以说,为帮助进行调研每个阶段都可能进行一定的数据采集(见图 3 - 4)。

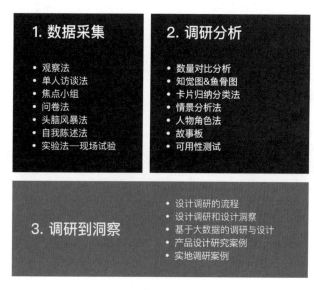

图 3 - 4　设计调研的内容与方法

3.3.1 明确调研的目标与方法

调研的第一步，就是明确调研目标，并根据目标选择正确的调研方法。在这个过程中，我们需要对调研需求进行分析，明确产品目前所处的阶段，调研希望解决的问题及具体内容，同时，初步确定调研将会采用的方法。

调研方法有很多种，分为"定性"和"定量"两个相对的概念。

定性：用于发掘问题，理解事件现象，分析人类的行为和观点，主要解决"为什么"的问题。

定量：是对定性问题的验证，常用于发现行为或者事件的一般规律。主要解决"是什么"的问题（图3-5）。

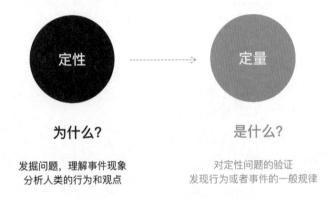

图3-5 定性与定量的设计调研方法

在产品的不同阶段，需要解决不同的问题，因此选择的方法类型也就不同。图3-6为所有调研方法在四个象限的分布，横轴区分了该方法得到的数据是客观的（行为）还是主观的（目标和观点），纵轴区分了该方法的类型是定性的还是定量的（图3-6）。

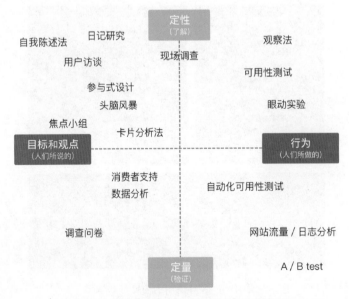

图3-6 定性与定量的设计调研方法的区别

3.3.2 与产品生命周期对应的调研方法

在产品的不同生命周期，设计调研会用到不同的方法（见图 3-7）。

产品引入期：这个阶段还没有用户，需要解决的问题是"目标用户的需求应该如何被满足"，这可以通过用户（竞品用户，专家用户）访谈和二手资料研究等定性方法来解决。

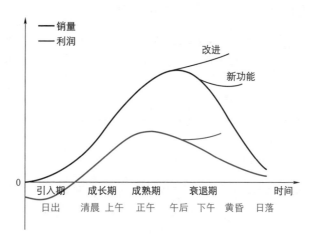

图 3-7　产品生命周期图

产品成长期：这个阶段需要保证和提高产品的质量，维持高增长率。用定量的方法调查积累的用户数据帮助我们更好地进行人群细分，再结合定性的方法来获得特定类型用户对产品的使用反馈，从而保证产品质量，提高竞争力。

产品成熟期：这个阶段产品趋于稳定，需要不断创新来保持竞争力，所以需要发现新的用户群，增加新的特性来开辟市场，重新进入成长期。可以通过定性的方法发现需求，并结合定量的调查来验证评估可行性。

产品衰退期：这个阶段产品走向消亡，我们就需要调整产品以适应新的用户群，那么又回到"开发期"。

3.3.3 与产品设计阶段对应的调研方法

细察环境：了解市场同类产品，探索客观环境，定义并描述设计需要解决的实际问题。

形成方案：探索多种解决方案，考虑可行性，进行快速测试和反馈，避免后期做高成本修改。

选择方案：对方案进行测试，评估与验证，选择最佳方案，并通过用户反馈不断优化设计方案。

评估结果：通过论坛、问卷、后台数据等各渠道收集用户反馈，建立各类指标等来衡量与跟踪产品满意情况。

不同设计阶段所对应的调研方法见表 3-1。

表 3-1 不同设计阶段所对应的调研方法

	阶　段	目　标	基本方法	其他方法
1	细察环境 外面有什么? 接下来会发生什么?	探索,定义 描述,监视	二手资料研究 用户访谈	问卷调查,产品博客 在线用户交流,网络研究焦点小组
2	形成方案 方案的可行性如何?	形成,定义,探索	用户访谈,焦点小组 快速原型和反馈	二手资料研究 眼动测试
3	选择方案 哪个是最好的?	验证,评估,测试 确认,选择,优化	问卷调查,可用性测试, 后台数据分析	二手资料研究 眼动测试
4	评估结果 我们做得有多好?	衡量,跟踪	问卷调查,二手资料研究, 后台数据分析	用户访谈 眼动测试

3.3.4　制定调研计划

在明确调研目标与方法之后,需要制定详细的调研计划。对整个调研的细化能帮助我们在调研过程中明确方向与重点,在实施过程中把控时间节点,并对结果的输出具有大致的方向。

1. 调研背景

描述设计调研的背景、产品所处阶段,希望通过调研解决的问题。

2. 调研目的

为解决调研背景中的问题,需要在调研中完成的具体内容,也是最终报告输出时的需求阐述。

3. 调研方案

调研方案包括:调研方法,调研计划,调研对象,进度安排。

4. 预计成果

对调研目的的逐一回答,会获得一份对调研产品的全面评估报告,报告包括:问题说明,原因分析,解决方案。

调研的具体成果见表 3-2。

表 3-2 调研的具体成果表

问题说明	在网页搜索中"伤害 tianqi(上海天气)"能很好地给出错误纠正,但在地图分类搜索下无法智能判断搜索关键词
原因分析	收集搜索界面各分类下界面和展示信息重合度很高,而且切换难度很大,能在一个搜索框里解决的问题不希望还要更复杂的操作
解决方案	智能判断给出结果

5. 人员分工

设计调研项目需要一个团队来完成,不同角色承担不同的工作。可绘制文档记录跟踪:

(1)调研环节。

（2）具体任务。

（3）负责人。

具体分工见表 3-3。

表 3-3　　　　　　　　　　设计调研的人员分工与具体任务分配表

环　节	具　体　任　务	负　责　人
项目启动	需求沟通	产品经理，设计师，用户研究员
可用性测试	测试要点沟通	产品经理，设计师，用户研究员
	撰写测试提纲	用户研究员
	招募用户	用户研究员，用户研究员助理
	执行测试	用户研究员
	撰写测试报告	用户研究员
专家走查	执行走查	设计师
	撰写走查报告	设计师
问卷调查	问卷准备	用户研究员
	问卷投放	用户研究员
	问卷分析	用户研究员
	撰写问卷报告	用户研究员
最终报告输出	报告撰写	用户研究员
	报告评审	产品经理，设计师，用户研究员
	报告输出	用户研究员

3.3.5　邀请受调研用户

在实际调研中，根据调研目标的不同，选择设计调研的对象也会不同。以下为邀请用户的 3 个步骤。

（1）确定招募用户的条件和方式。注意不要过分确定目标用户，即招募的用户可能比目标用户更宽。例如一个儿童网站，我们的目标用户是儿童，同时也要考虑儿童家长的意见。

（2）编撰问卷及筛选受调研的对象。甄别问卷主要用于筛选符合条件的用户。无论是利用自己的数据还是借力专业招募公司的数据库，编写甄别问卷都是招募过程中很重要的部分。在编撰时要注意避免会直接透露招募条件的问题。

（3）确定邀请的用户信息和时间。完成招募工作后，我们需要将用户信息和时间安排整理成表格，主要指可用性测试、单人访谈、焦点小组等，需要用户在特定时间到特定地点参与调研。

3.3.6　执行调研过程

不同的调研方法在具体执行过程中会遇到不同的问题，下面列举几种调研方法的适应场景与方法组合。

1. 焦点小组—定性

焦点小组是一种多人同时访谈的方法，6～8 人为宜。聚焦在一个或一类主题，用结构化的方式揭示目标用户的经验、感受、态度、愿望，并努力客观地呈现其背后的理由。

用于产品开发早期，重新设计或者周期迭代中。善于发现用户的愿望、动机、态度、理由，利于对比观察，是很好的探索方法。但是，不能用来证实观点和判断立场。

2. 卡片归纳分类法—定性

卡片法是以卡片为载体来帮助人们做思维显现、整理、交流的一种方法。便于整理，随时抽取，方便查找，还可以将不同时间记下的信息做比较、排列（见图3-8）。

图3-8 设计调研卡片归纳场景

常用于产品目的、受众以及特性的确定，但在开发信息架构或设计还未确定之前，这种方法处于设计的中间环节。也广泛用于创造性思维的激发方法中，比如在头脑风暴中使用。

3. 问卷调查法—定量

问卷调查是指调查者通过统一设计的问卷向被调查者了解情况，征询意见的一种资料收集方法，是发现用户是谁和了解他们有哪些意见的最佳工具。

问卷类型分为结构问卷、无结构问卷和半结构问卷。问卷调查省时省钱省力，不受空间限制，利于做定量的分析和研究。

4. 可用性测试—定量

可用性测试是一种基于试验的测试方法，6～10名为宜。在于发现人们如何执行具体任务，因此用这种方法来检查每个独立特性的功能点并向预期用户展示的方式是发现可用性问题最快、最简单的方式。

5. 问卷法和焦点小组—定性和定量

这种组合是将定性和定量的方法结合起来，如通过定量的问卷发现人们行为中的模式，通过焦点小组对造成这些行为的原因进行研究。反过来又可以再通过问卷法来验证这个解释。如此交替的调查方式在实践中经常使用。

3.3.7 输出调研结果

在明确调研目标与方法之后，需要制定详细的调研计划。对整个调研的细化，能帮助我们在调研过程中明确方向与重点，在实施过程中有章可循。

1. 定性报告

写报告的关键点在于，是要围绕调研目的来写。不要把所有的研究结果罗列出来，然后告诉大家每个用户说了什么做了什么。较好的方式是：确定目标—分析结论—摆出证据—给出相应的建议。

2. 定量报告

定量报告最重要的是图表的呈现方式，要选择合适的图表来表达你想呈现的信息。

3.4 专题调研的案例

本专题设计调研的内容是《美的空气净化器的设计调研》。首先，调研从明确主题开始，按照以下步骤进行：

（1）讨论调查主题。明确调研主题和方向，确定以下几方面的内容：a. 何种性质的调查；b. 涉及的范围；c. 达到什么目标；d. 工作量的大小；e. 人员配备要求。

（2）开展探索性研究。调研团队完成了以下几方面调研工作：a. 查找有关文献；b. 访问有关专家；c. 研究几个有启发性的事例。

（3）确定调查项目，将调查范围具体化。a. 美的空气净化器市场现状及潜力；b. 美的空气净化器市场特征；c. 用户对空气净化器的要求。

（4）编制调查方案。

（5）实验性调查。

（6）收集资料数据。

（7）资料的检验整理。

（8）数据的统计和分析。

（9）撰写调查报告。

3.5 调研关注的重点

3.5.1 设计创新

专题设计需要解决的问题非常明确，就是要让设计师全流程地参与到设计之中，进行突破性的创新设计。例如，美国 IDEO 设计公司对设计的过程非常重视，他们就设计过程列出了 5 个步骤：

（1）理解市场、客户、技术和有关问题的已知局限。

（2）观察现实生活中现实的人们，并清楚他们心里的想法。

（3）设想顾客使用产品的情景，站在顾客角度进行体验。

（4）评估和提炼模型。

（5）模型调整为适合商业化生产的最终产品设计。

柔性可穿戴显示屏能完美地将手机界面投影并展现在你的手臂上，让你的肌肤成为手机的第二触摸屏，结合灵敏的传感技术，你就可以直接使用智能手环阅读邮件、接听电话、玩游戏、查看天气等功能（见图3-9）。

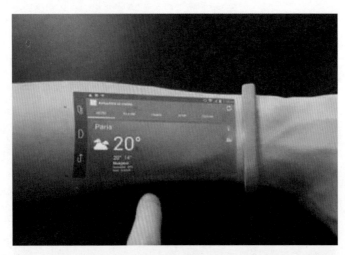

图3-9 柔性可穿戴显示屏

创新是设计的根本，务实是设计的需要。创新贯穿着设计的始终，没有创新的设计就等于没有生命的设计，就是不良设计，带来的是误导消费者，造成社会资源的大量浪费和环境的污染。同样，不切实际的设计在带给人们和社会虚假繁荣的同时，在心灵上和社会责任、自然规律等方面都违背了人类社会发展的轨迹，只有紧紧抓住创新和务实这两个设计的灵魂，激发学生敢于突破、敢于张扬个性的优势，在专业指导教师的辅导下，将现代科学技术、各种地域文化相互有机地结合，才是本课程对学生设计意识的要求。

超薄便签闪存dataSTICKIES不仅薄如便签，还拥有可重复粘贴、不留痕迹的可黏性，使用时将它粘贴在计算机、电视机、音乐设备上，设备就能自动读取存储在里面的资料，而且多个 dataSTICKIES 还可以堆叠在一起增加容量。这是因为它使用了特殊的导电性黏结剂，并有一层 ODTS（光学数据传输层）作为传送数据的介质（见图 3 - 10）。

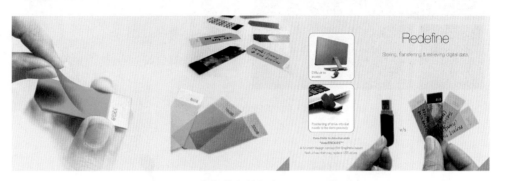

图 3 - 10   一款超薄便签闪存——dataSTICKIES

3.5.2   加强团队协作

团队协作的意识，是工业设计领域需要重视的一种精神。现今设计已经进入一个全新的、划时代的历史阶段，工业设计在这个极其特殊的时代背景下，其专业分工越来越淡化，交叉学科的参与和应用则越发平凡。随着社会和市场的需求发展，要求工业设计师从技术型逐步向综合型、合作型转变，优秀的工业设计研发团队不仅是产品造型设计师，同时还有材料、工艺、机电、市场营销、成本核算、贸易以及知识产权等多方面专家的参与，所以说好的设计来源于好的团队。

3.5.3   关注设计前沿潮流

创新是工业设计的根本，在回顾和思索百年设计发展史的同时，使命感驱使我们要放眼新时期的设计思潮和发展趋势，时刻保持并且提出具有前瞻性的设计思想，以人们的实际需求为导引，将新技术、新材料、新的生活方式、新的审美观、新的价值观等诸多因素融入新时期的工业设计和研究的方向中。例如，一款采用无水洗涤技术的洗衣设备设计，名叫 SOLO 无水洗衣机。机身悬挂在墙上，看起来就像是洗衣机的滚筒加上一个平台。完成洗涤后，可以在右侧的平台上进行熨烫，同时支持衣物的烘干和消毒（见图 3 - 11）。

每年举行的世界各大知名设计奖，及时将前沿设计展示给观众。例如，在 2018 年获得日本的"好设计"（GOOD DESIGN AWARD）金奖的 Gogoro 能源和运输平台，它是一个进化和发展的系统，结合 Gogoro 能源网络和 Gogoro Smart scooter（Gogoro 1/2 系列＋Gogoro App＋IQ 系统）提供模块化终端——为消费者和企业提供易于访问和订阅便携式能源的终端解决方案。Gogoro Smart scooter 用户可以在 6s 内访问 Gogoro Energy Network 并更换电池，并通过 Gogoro App 检查他们的车辆，iQ 系统可以接收 FOTA 升级（见图 3 - 12）。

 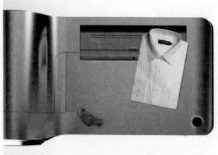

图 3 - 11　SOLO 无水洗衣机

图 3 - 12　Gogoro 能源和运输平台

第 4 章

Chapter 4

专题设计的设施

4.1 用设计思维发现问题

专题设计的第一步就是要识别市场机会，明确定义问题，为该问题寻找适当的解决办法，为用户寻求解决方案的过程。

设计思维是一种实际解决问题的方法。最初由 IDEO 的大卫·凯利（David Kelley）和蒂姆·布朗（Tim Brown）创造，设计思维已成为创造产品的流行方法。这种方法将以人为中心的设计的方法和思想包含在一个统一的概念中。蒂姆布朗说：设计思维是一种以人为本的创新方法，它借鉴了设计师的工具包，整合了人们的需求、技术的可能性和商业成功的要求。优秀的设计师总是将设计思维应用于产品设计中，因为它专注于产品到用户的产品开发，而不仅仅是"设计阶段"部分（见图 4-1）。

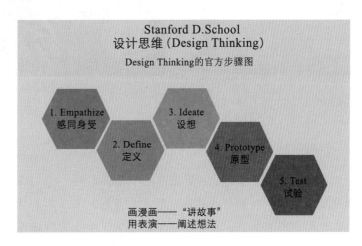

图 4-1 斯坦福的 D. School 设计思维步骤图

在考虑产品或功能时，设计人员应了解设计的目标，并能够首先回答以下问题：

（1）我们解决了什么问题？

（2）谁有这个问题？

（3）我们想要实现什么？

（4）回答这些问题有助于设计人员了解产品的整体用户体验，而不仅仅是设计的感觉或视觉外观部分。只有在回答了这些问题后才能找到解决问题的方法。

根据设计思维的方法，找到问题的解决方案包括以下 5 个阶段：

（1）移情：了解您正在设计的用户，对用户进行研究，以更深入地了解用户。

（2）定义：创建基于用户需求和见解的观点。

（3）构思：脑风暴，并提出尽可能多的创意解决方案，通过给设计师和团队完全自由的构思，产生一系列创新的解决方案。

（4）原型：构建原型来测试您的设计方案，创建一个原型可以让设计师看到设计方案是否可行，并且它经常激发出一些创新的灵感。

（5）测试：通过用户的测试，以获得反馈。

4.2 提出设计愿景

提出设计愿景是产品设计最重要的一个阶段，实际上是在设计过程开始之前完成的。在开始构建产品之前，您需要了解其存在的上下文。该阶段是产品团队必须定义产品愿景和产品战略的时候。图 4-2 是一个关于午餐盒的设计愿景，该项目致力于让用户享受高品质的午餐，在办公室可以吃到健康的食物。

图 4-2 关于午餐盒的设计愿景

提出设计愿景前，我们要考虑项目有没有一个总体目标？参与设计和开发的人员是否了解产品的用途？由于对产品没有远见？但是，不了解总体目标和产品用途的情况也会发生，不幸的是，这种情况经常发生。在大多数情况下，会产生负面影响。每个设计项目都需要产品愿景，以确定方向并指导产品开发团队。设计愿景捕捉到了产品的本质，以及产品设计团队必须了解的关键信息，以便开发和推出成功的产品。设计愿景有助于建立对"我们在此处构建的内容及其原因"的共同理解。设计愿景还可帮助定义未构建的内容。

明确解决方案的界限将有助于设计产品时保持专注。产品策略是愿景和可实现目标的结合，用来共同指导团队实现理想的结果，即给用户提供最好的用户体验。设计愿景和设计策略的关系见图 4-3。

图 4-3　设计愿景和设计策略的关系

4.3　定义用户需求

定义用户需求通常从构建用户角色、描述使用场景、定义用户问题三方面展开。

4.3.1　构建用户角色

1. 确定目标人群

设计项目可能会受人力、物力、财力等各种条件限制，不可能一下满足所有潜在人群的需求，尤其是在起步阶段，必须有所取舍，选择最符合设计项目利益的一部分人作为目标人群。

例如，你做一个代步交通工具，理论上所有的外出人群都有可能需要，但是你的人力、物力只能应对短途上班族人群，那么你的目标用户是短途上班族人群，而不是全国所有外出人群。

2. 用户角色划分

目标人群在整体上方向是一致的，但是这其中的个体差异非常大，这种差异在教育方面体现得尤其明显，在一个班里，所有人都是同一个老师，但是最后学习成绩差别非常大。所以为了把需求定义得更准确，还要将目标人群划分成不同的角色，根据不同的产品有不同的方式。

以辅助学习英语的电子产品为例，我们可以根据学习目的划分成练口语、考四六级、考雅思等，把用户角色划分成学生、老师、家长，然后在学生里面又可以划分成小学生、初中生、高中生等，根据学习的科目又可以划分成语文、数学和外语等。

理论上用户角色粒度划分得越细，需求定义得也会越准确，但是实际情况往往是不允许的，除非做个性化定制产品，否则没有必要做到太细。

3. 构建用户角色模型

虽然在第二步我们划分了用户角色，但是用户具体是什么样，在我们心中还是非常模糊的。这时候就需要使用用户画像的方法构建一个典型用户，用这个典型用户来代表该角色的用户群体。

在典型用户的模型中通常会包含性别、年龄、工作、收入、地域、情感、目标、行为等，一个产品构建的典型用户数量通常在3～6个，如果数量太多，就得考虑我们的目标用户选的是否准确，就需要优化目标用户，让人群更加聚焦。角色构建模板见图4-4。

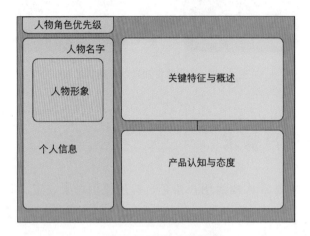

图4-4　角色构建模板

通过确定目标人群、用户角色划分、用户模型构建这三个步骤，我们就可以完成用户角色的构建了。在这里需要注意的是，最后构建的这个典型用户并不是真实的用户，而是代表所有真实用户的虚拟用户。角色构建范例见图4-5。

图4-5　角色构建范例

一个从零开始的产品，如果产品比较简单，那么用户角色往往比较容易构建，表达起来比较清晰，在产品成长迭代过程中，用户的角色可能会发生变化，角色数量会变得非常多，分析起来就没有那么简单了。比如共享单车，最初起步于清华大学和北京大学，以这些学校的学生为模型进行产品开发。后来慢慢向全北京地区的高校扩张，然后向社会开放，用户变得越来越多样化，用户模型也变得非常复杂。

4.3.2　描述使用场景

什么才是基于场景的设计呢？以看电影为例，在整个看电影的过程中，涉及的主要场景有以下 6 个：线上买票、去电影院、线下取票、检票入座、观影、电影评论。

基于看电影涉及的场景，某电影购票 App 设计了一个基于场景的功能。当用户在 App 购票成功后，首页会出现一个人偶小浮标，在不同场景下点击该浮标，会出现不同的内容，例如，在去电影院的场景下显示影院地理位置以及滴滴打车入口，线下取票场景显示取票二维码可以快捷取票，线下取票后再点击小浮标显示电影开始时间以及座位号，观影后显示别人的评论以及吐槽入口引导用户去评论，如图 4 - 6 所示。

图 4 - 6　电影购票 App 的用户使用场景示意图

对上面的案例总结归纳后可以得出，设计是基于用户看电影这一系列场景的判断与分析，理解用户每一场景的痛点及需求，结合使用场景，预期用户下一步的目标及意图，通过设计缩短关键流程，辅助用户提高操作效率。通过对大量案例进行分析归纳，可将场景设计的概念简单归纳为基于场景、理解需求、预期意图和进行设计 4 个阶段。

4.3.3　定义用户问题

在定义需求的时候，用户角色和场景都是前提，用户的问题才是这里想要表达的最终意思。后期产品设计也是基于用户问题来设计方案，进而解决问题，下面我们看一个例子：

有一位出色的主管，她十分热爱自己的工作，能力也不错，但是，她与上级的关系处理得不好，闹得不可开交，最后她决定离开那家公司。于是她就把自己的资料送到猎头公司，请他们为自己另找工作。

这个主管回家把事情告诉了她的丈夫，她丈夫就帮忙分析了一下，告诉她这个问题的根本只是你与这个上级分开，而不是辞职离开公司。既然是只要分开就可以解决问题，那么不一定是你走，让他走也行。

于是，这个主管将解决问题的方式颠倒过来，为她的上级准备了一套资料，送到猎头公司。结果，猎头去联系了这个主管的上司，这个上司也厌倦了他目前的工作，而且新工作的待遇更好，于是就欣然接受了新工作，并从现在的公司辞职了。

从这个例子中我们可以看到，一个好的解决方案，往往是从定义问题开始的，如果没有定义好问题，就盲目地解答，只会白白浪费时间和金钱，最后得出没有意义的答案。

定义问题，就是透过用户的反馈，找到问题的本质，多问为什么，搞清楚用户真正需要的是什么。比如，我们经常在工作中遇到用户反馈产品使用体验不佳。这种情况有可能不是产品本身有问题，而是因为其他条件不好。例如，电压不正常的解决方案是引导解决用户电压稳定的问题，而不是根据用户意见改进产品。例如，你是一个淘宝店主，用户给了你的店铺差评，也许不是对商品不满意，而是因为物流太慢了，要想解决这个问题更换快递公司即可，没有必要把产品下架。

4.3.4 管理用户需求

我们定义了用户需求后，需要把它记录下来，不断地优化完善，并且需要和团队来交流沟通，在这里推荐使用描述用户故事的方式来记录。这个方法来自敏捷开发方法 scrum，一般的描述格式为：

作为一个＜用户角色＞，我想要＜xxx＞，以便于＜商业价值＞。

例如：作为一名老师，我想要查看学生报名的人数，以便于更好地安排课程计划，管理方法见表 4-1。

表 4-1　　　　　　　　　用 户 需 求 管 理 表

用 户 故 事	价　值	优 先 级	备　注

4.4　开始设计方案

构思阶段是团队成员集体讨论一系列旨在实现项目目标的创意。在此阶段，不仅要产生想法，还要确认最重要的设计假设是有效的，这一点至关重要。

产品团队拥有许多构思技术，从草图绘制到描述设计的某些特征都非常有用，还可以用到故事板来可视化产品与用户的整体交互关系。

4.4.1 初期设计方案的构思——草图

这个过程，要求学生解放思想积极思考，大胆地进行创造性的设计思维活动，围绕课题方向和范围从各个方面展开构思，这期间可以忽视产品的细节和局部，以手绘的形式从设计的概念、形态、色彩等设计角度切入，通过大量的概念草图，运用设计思考形式逐步形成有序、有条理、有逻辑的设计策略和方针，并确定设计方向和目标。

产品设计草图要表达设计瞬间的设计灵感，记录设计的过程，要求产品结构线清晰准确，透视正确，见图 4-7。草图通常具有以下几个功能：

（1）表达产品形态。

（2）表达产品色彩（色彩基调明确、与形态相应的色彩探讨、指示功能的色彩设计）。

（3）表达产品结构（外观和工程结构）。

（4）表达产品材质。

（5）表达产品人机：头与产品，手、脚、身体与产品。

（6）表达产品使用环境。

对于一个优秀产品的诞生，每个设计阶段都十分重要。

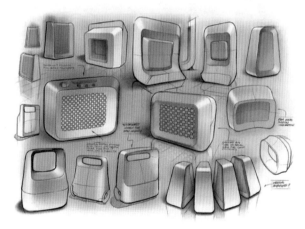

图 4-7　设计草图

4.4.2　中期设计方案的确定

这个过程是一个整理、归纳、确定最终设计方案的重要过程。在此期间，要求对初期设计草图和方案进行深化，进行方案的迭代，寻找最优方案。在进行方案迭代的时候，注重产品设计的造型、材料、色彩与用户的使用方式、使用流程、使用需求相适应。通过设计方案的优化迭代，逐渐接近设计专题的目标，并且针对产品的每个细节进行分解设计和展开，最后形成规范的设计方案。设计方案细化图见图 4-8。

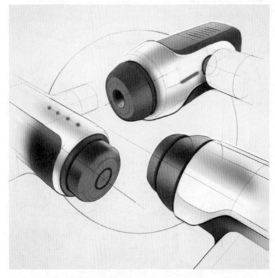

图 4-8　设计方案细化图

　　方案构思设计及草图表达阶段，是建立在设计调研和分析问题之上的。方案构思需要注重以下几个方面：

　　（1）产品功能构思设计。根据定位要求进行产品功能整体规划，赋予产品基本功能和设计理念，注重产品向消费者提供核心价值或传达的主要信息。在视觉识别层面，注重构建产品的核心视觉形象，即产品主体本身所呈现的形象，包括产品的形态、色彩和质感。

　　（2）方案构思设计及草图表达。在这一阶段，应在市场调查、大量收集资料和分析问题的基础上，按照设计定位的要求，进行方案构思、设计并画草图。

4.4.3 完成最终设计方案

要求学生从整体对该工业设计方案进行全方位的论证、讨论和研究，从实际解决问题的角度出发，衡量和对照是否满足了设计条件，在产品的功能、材料、工艺、尺寸、色彩、造型、组件搭配、人机界面以及消费者心理角度等方面切实将设计的各个部分进行详细的说明和确认，达到基本完成该工业设计的目标和要求。电钻设计最终方案见图 4-9。

图 4-9　电钻设计最终方案

4.5 专题设计的设计分析

4.5.1 色彩分析

选择适合产品的色彩是工业设计程序中重要的一个环节。色彩作为工业设计的一项造型语言，反映的是产品在我们心中的理想状态。色彩对消费者有着极大的吸引力，如何让人们觉得这个色彩是该产品应有的色彩而不觉得过分突兀？如何通过色彩给产品塑造一个更好的使用环境？这都是色彩在工业设计过程中需要解决的问题。在设计过程中，工业设计师使用多种配色分析工具来进行色彩的配色研究，设计师用韩国 IRI 配色工具对色彩的意向尺度空间进行分析，见图 4-10。

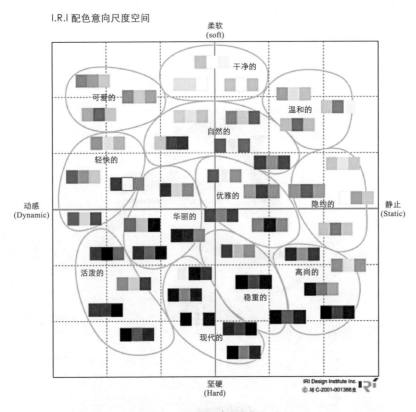

图 4-10 配色意向尺度空间分析

　　色彩和造型都是造型语言，产品的色彩和造型同样重要。色彩对人们有着极大的吸引力，如何让人们觉得这个产品色彩适合而不觉得过分突兀？如何让产品更好地融合进它的使用环境？这都是色彩在工业设计过程中遇到的问题。比如，在家具设计中，色彩和家具产品的外形都要大众化，而在这种大众化的色彩搭配下又要给产品一个亮点，也就是要考虑如何用色彩给产品以独特性。例如，在罗技的视频系统产品设计中，红色与金属本色分别能够对应较为活跃或较为严肃的应用场景，见图 4-11。

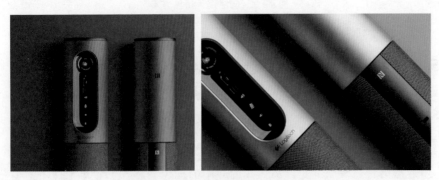

图 4-11 罗技的视频系统产品设计

以家具设计的色彩为例，家具作为人们生活的日常用品，有其特殊的作用。因此，在对家具进行色彩设计时，需要考虑到以下几方面的因素：一是家具的功能需求，家具的色彩设计与其造型设计一样，都应该满足和服从家具的实用功能。二是人们对家具色彩的生理与心理需求，由于人们的性别、年龄不同，家具色彩对人们的影响也不同。三是民族传统与民间风俗、宗教等各种因素，都会对家具的色彩设计起到关键和主导作用。

人们看到一款产品的第一印象也许就是产品色彩所带来的感受，所以，产品的配色方案好坏会影响到产品的整体效果。配色的好坏更多的是在讨论这个产品适合什么颜色来搭配，适合的颜色便是好的配色。电子产品多以黑白为主，生活家居类的产品会出现类似马卡龙的色彩方案。配色也会受使用环境所影响，厨房多出现高饱和度的色彩，而卫浴产品则更趋近于无色或淡色系，产品配色应用案例见图 4 - 12。

图 4 - 12　产品配色应用案例

色彩具有重要的功能，通过色彩可以产生联想、传达语意或左右情绪等功能；色彩可以象征某种规定的功能，可以制约和诱导使用行为或对功能进行暗示。产品的色彩具有特定的背景和特性，它与产品的功能、形态、材料等属性相关，与工作环境和消费者的生活环境相联系。因此，在产品色彩的研究中必须注意它的功能性、地域性、系统性和流行性。

4.5.2　材料与工艺分析

材料是设计的物质基础和载体。对工业设计而言，材料是指用于工业设计并且不依赖于人的意识而客观存在的所有物质。其实，在实际的工业设计中，材料之间的搭配和组合是非常多的，只有对材料和工艺进行充分的科学分析、了解，才能实现产品的功能。但要注意的是：材料的品种越多，材料之间的连接方式就会增加，设计的成本也会提高，因此，科学、有序的设计协调是解决问题的关键。

　　材料与工艺是工业设计发展的物质基础和技术保障，新材料与新工艺的应用水平是工业设计发展先进性的标志之一。材料负责承载设计的功能、创建产品的个性，工艺则是设计实现的方法和手段。新材料与新工艺的出现往往会引起设计的变革，设计的变革产生新的设计理念，又反过来促使材料的角色发生转变，带动材料和工艺的进步。产品材料与工艺分析流程见图 4-13。

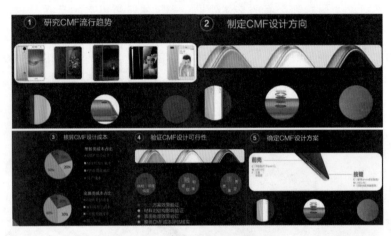

图 4-13　产品材料与工艺分析流程

　　工业设计师可以不具备研发新材料和新工艺的能力，但必须及时掌握材料及工艺的发展动态，并能熟练地将它们运用到设计实践中去。在研究家具发展的基础上首次提出的材料应用领域移植理念，将材料分为造型结构材料和功能材料，工艺分为成型工艺、加工工艺和表面处理工艺，以设计事理学和材料应用领域移植为主要指导思想，以市场调研和基于灰色理论的新材料评价为主要手段，对具有代表性的新材料和新工艺的应用进行了研究。过程中注重材料与工艺的设计属性，将目标从材料和工艺本身延伸到其服务的领域和人群，着重从宏观上研究新材料的理化性能、加工方法、情感属性、典型应用、创新应用和新工艺的原理、流程、优势及其在工业设计中的应用和影响，而不考虑或较少考虑材料的微观结构。产品表面材料工艺陈列墙见图 4-14。

图 4-14　产品表面材料工艺陈列墙

材料的开发、使用和完善贯穿人类的整个发展史，工业设计的过程实质上是对材料的理解、认识和改造的过程。旧石器时代使用兽皮、甲骨、树木、石块、泥土等天然材料，到了 20 世纪初，人类进入了利用物理和化学原理合成材料的阶段，例如合成高分子材料、合金材料、无机非金属材料和高性能的结构和功能材料。20 世纪 50 年代进入材料的复合阶段，金属陶瓷、玻璃钢、铝塑薄膜和梯度功能材料。20 世纪下半叶逐渐形成的信息技术、新能源技术、生物工程技术、空间技术和海洋开发技术的新技术群，促进了材料科学飞速发展。时至今日，人们已逐渐掌握了材料的组成、结构和性能之间的内在关系，可以按照使用要求对材料性能进行设计创造，新材料随之层出不穷。苹果手机的表面材料分析见图4－15。

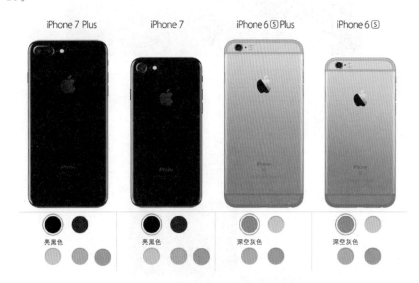

图 4－15　苹果手机的表面材料分析

丹麦设计师克林特曾说过"运用适当的技巧去处理适当的材料，才能真正解决人类的需要，并获得率直和美的效果"。材料本身并不具备我们想要的形态，必须经过一定的加工处理才能最终成为既有物质功能又具有精神功能的产品。

4.5.3　人机界面工学分析

人机界面是人与机器进行交互的操作方式，即用户与机器互相传递信息的媒介，其中包括信息的输入和输出。好的人机界面美观易懂、操作简单且具有引导功能，使用户感觉舒适、愉快，从而提高使用效率。界面可以分为硬界面和软界面，也可以分为广义和狭义。

人机界面设计是指通过一定的手段对用户界面有目标和计划的一种创作活动。大部分为商业性质、少部分为艺术性质。充分考虑人的动作和视觉等特性，从心理上、视觉上、使用上使产品与人相适应，在视觉上能让使用者轻易识别，操作上明确易懂、有效率。产品视觉化的过程应更多涉及可用性的问题，不仅要考虑产品的整体部分，而且还要考虑产品的细节部分（例如把手、按键、旋钮等）；不仅要考虑硬件的实体部分，而且也要考虑软件操作界面部分。

使用界面作为一种传达理念、操作等信息的综合方式，直接影响到人对产品使用的便利性，并后续影响到对产品视觉形象的整体评价。实体用户界面不仅形象地体现各部位的功能与操作，而且在细节方面极大地影响产品的外观。人机界面分析如图 4-16 所示。

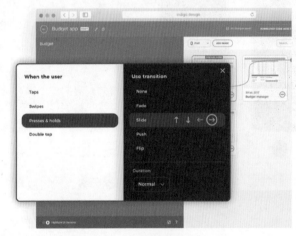

图 4-16 人机界面分析

良好的人机界面设计造就了时尚和高品质的设计。注重人机界面设计是现代工业设计领域发展的方向和趋势，是提高产品竞争力和人性化的重要手段之一。但传统的工业领域存在一定的局限性，仅考虑功能性，忽略了人的主体。

随着以人为中心的设计理念的不断蔓延，以功能性设计为主体的工业设计领域引入人机工效学和感性工学的思想，以已有工业设计系统为研究对象，以基于人机工效学的产品形态设计系统和基于感性工学的人机界面操作系统两条主线，实现整个测试系统的交互设计整合，生成满足操作者感性需求的系统交互功能，最大限度地提高效率的操作方案设计。

4.5.4 结构分析

产品结构设计是针对产品内部结构、机械部分的设计，而结构设计更注重产品的实用性以及可制造性，它是完美的外观与最大限度发挥产品的使用功能之间的纽带，也是整个产品设计过程中最严谨、最繁杂的一个工作环节，在产品实现的过程中起着至关重要的作用。汽车车身结构分析见图 4 - 17。

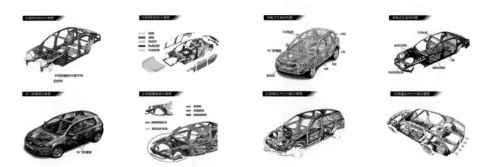

图 4 - 17　汽车车身结构分析

在进行产品结构分析的过程中，根据不同产品的特性、使用方式和功能要求，特别是消费者对产品的实际需求，主要通过以下几点进行分析：

（1）各个部件之间是否有干涉。

（2）运动部件的动作检查，看运动部件在行程中是否正常。

（3）所有的配合位置的间隙检查。

（4）装配零件的插入端一般倒斜角或者圆角，互相配合表面的棱边全部倒圆角。

（5）每个零件的精确定位检查，重点查看每个零件在生产装配的时候 XYZ 是否能充分定位，特别是外观零件的定位问题。

（6）有止口的产品，要添加反插骨，反插骨的大小既要保证强度，还要防止产品表面缩水。

（7）外观面上的外观面上的凸柱，建议做成火山口。

（8）零件的模具制作工艺性分析，包括拔模检测，特别是零件的外观面和配合面，一定要保证 3D 零件的出模斜度都完成后才提交给模具部门进行模具制作，零件厚度检查、除分型面和特殊要求的利边，其余的利边尽量倒圆角，模具制作时是否有薄片钢材产生，行位和斜顶是否可以采用碰穿或者插穿来实现，行位和斜顶的活动空间是否足够等。荧光免疫分析仪的结构分析见图 4 - 18。

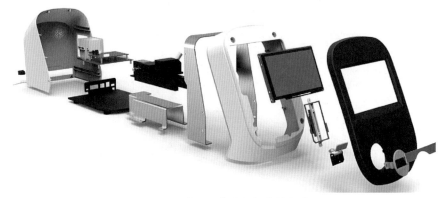

图 4 - 18　荧光免疫分析仪的结构分析

4.6 设计方案的制图与模型制作

当初步确认了设计方案后，下一步是把 3D 数据迅速转化成制作模型，以便更好地展示视觉化的成果，并做更全面的设计评估。

4.6.1 制作设计标准三视图

工程设计图样是工程上用以表达设计意图和交流技术思想的重要工具，作为技术文件将所要设计物体的形状、大小以及技术要求等。在工业设计和生产制造的过程中，以及在使用产品的时候，都需要通过设计图样来理解产品的结构和性能。所以，学习工业设计必须掌握这种设计语言，具备绘制和阅读工业设计图样的能力。设计师可以通过计算机辅助设计来绘制工程图，这对工业设计过程的系统性、逻辑性、准确性、高效性以及交互性都有显著的展现。计算机辅助设计制作工程图见图 4 - 19。

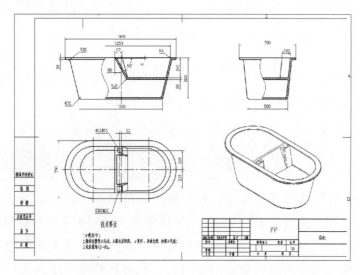

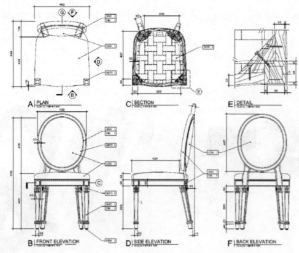

图 4 - 19　计算机辅助设计制作工程图

4.6.2 制作实物模型

设计师在设计概念进行具象化的过程中，通过模型不断地表达对创意的理解。为与工程技术人员进行交流、研讨、评估，以及进一步调整、修改和完善设计方案，检验设计方案的合理性提供有效的实物参照。

在设计的过程中的不同阶段，根据不同需要，采取不同的模型和制作方式来表现设计的构思。实物模型按照在产品设计中的不同阶段和用途主要分为三大类：研讨性模型、功能性模型和表现性模型。

1. 研讨性模型

研讨性模型可称为草模或原型。

设计初期阶段，根据设计构思，对产品各部分的形态、大小、比例初步塑造，作为方案构思比较、形态分析、探讨各部分基本造型优缺点的实物参照。

采用概括的手法来表现产品的造型风格、形态特点、布局安排以及产品与环境的关系等。强调表现产品设计的整体理念，初步反映设计概念中各种关系变化的参考之用。具备粗略的大致形态，大概的长、宽、高和大略的凹凸关系。没有过多的装饰，也没有色彩，设计师以此进行推敲。产品研讨性模型制作见图 4 - 20。

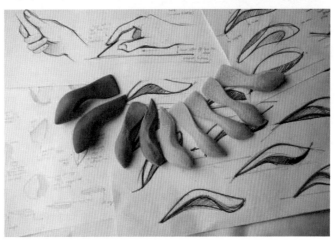

图 4 - 20 产品研讨性模型制作

2. 功能性模型

功能性模型主要用来表达产品的形态与结构、各种构造性能、机械性能以及人机关系等。同时，作为分析检验产品的依据。功能性模型的各部分组件的尺寸与机构上的相互配合关系都要严格按设计要求进行制作。然后在一定条件下做各种试验测出必要的数据，作为后续设计的依据。如：车辆造型设计在制作完功能性模型后，可在实验室内做各种试验。交通工具油泥模型制作见图 4-21。

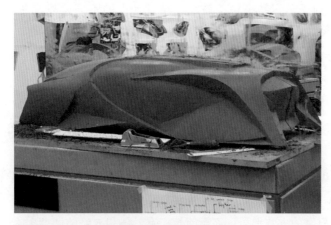

图 4-21 交通工具油泥模型制作

3. 表现性模型

表现性模型是以表现产品最终真实形态、色彩、材质为主要特征。采用真实材料，严格按设计尺寸进行制作实物模型，几乎接近实际的产品，可成为产品并以样品进行展示。表现性模型对于整体造型、外观尺寸、材质肌理、色彩、机能的体现等，都必须与最终的设计效果完全一致。表现性模型真实感强、充满美感、具有良好的可触性，合理的人机关系，和谐的外形，是表现性模型追求的最终目的。此类模型可用于摄影宣传，制作宣传广告、海报，将实体的形象传达给消费者。也可估计模型成本后，进行小批量生产，是介于设计与制造之间的实物样品。交通工具展览用表现型模型见图 4-22。

图 4 - 22　交通工具展览用表现型模型

第5章

Chapter 5

专题设计的作品展示

5.1 展示的目的和作用

5.1.1 增强对专业的认识

通过专题设计的系统学习和运用，展示的根本目的是提高学生的专业综合能力，从多角度、多层面地展示专题设计的学习成果，检验自身的专业知识以及专业素养，相互交流、相互挖掘潜在的能力与专业特质。通过专题设计的展示，开阔眼界、发散设计思想，增加学习的机会，增强对工业设计专业学习的认识和信心。

5.1.2 提升社会影响力

通过对专题设计的作品进行展示，可以提升学校办学的社会影响力，并促进学生与用人单位之间的互动。通过专题设计作品展示（图 5-1），让学生了解观

图 5-1（一） 专题设计课程汇报展览

图 5-1 (二)　专题设计课程汇报展览

众对自己设计作品的反馈，进一步把握设计的需求，从而跟上时代潮流与趋势。专题设计的作品展示还可以让用人单位发现优秀的设计人才，带动学生就业。

5.2　专题设计的成果呈现形式

专题设计的成果可以通过设计报告书、模型、展板及综合展览等几种形式来呈现。模型制作在第 4 章已有专门讲述，本节重点讲述如何制作设计报告书和进行展示版面设计。

5.2.1　专题设计报告书

1. 专题设计报告书总体要求

产品设计专题报告书是本专业教学成效的综合体现，要求在调研报告整理、理论系统应用、格式规范等每一步骤上都有较好的推敲。要避免在设计调研部分冗余地表现，着重要求对"设计研究"与"设计表达"两部分做充分表达。

2. 报告书结构要求

（1）封面（大学及专业全名；课程及课题名称；专业、年级、班级、学生、指导老师；中英文对照）。

（2）扉页。

（3）目录。

（4）课题描述。

（5）课题计划。

（6）设计调研。

（7）设计研究。

（8）设计效果陈述与表达。

（9）课题总结。

3. 报告书效果要求

一律横式排版。强化版式设计，要求形成统一、系统的视觉效果。要求每一页都有页眉与页码设计，并标明本页所属研究阶段（研究阶段属类名称见内页要求）。追求工业设计专业气质与强烈的时代感。封面要求硬质塑料护封。

4. 封面内容与形式要求

（1）××大学工业设计专业（一行；置于左上沿；中英文对照）。

（2）×××产品设计课程作业（一行；置于课题设计报告书左上方位置）；××××课题设计报告书（一行；置于中部显要位置；中英文对照）。

（3）落款原则上采取统一格式。要求使用如下规定文字，不得使用"导师""设计者"等不规范称谓。注意垂直左对齐。

5. 内页内容与形式要求

以下序号为装订顺序。要求版式设计新颖、庄重、前卫。

（1）本人照片及简介，涵盖姓名、性别、出生年月、专业、特长，不超过20字。

（2）目录。

（3）课题描述。涵盖课题名称、课题研究内容、目标用户人群、课题定位时间等。

（4）课题计划。确定各阶段工作内容及计划完成的时间。

（5）设计调研。内容及要求如下，一般不少于4个页面，要求图文并茂。

调研涵盖了决定课题是否成立的宏观因素，以及制约课题如何开展的微观因素。

1）整体调研：包括宏观因素、微观因素、时代消费趋势、目标人群的潜在需求、同类产品状态。要求调研充分，资料翔实。

2）生产调研：包括技术、材料、工艺的诸多可能性。调研要求充分，资料科学、翔实。

3）调研结论：论述支持设计课题的可行性。

（6）设计研究。内容及要求如下，一般不少于8个页面，要求图文并茂、推理充分。

1）功能分析：包括课题人群的消费心理分析；实现功能的机能、材料、结构、形态、色彩、人机关系、语义视传等分析。

2）设计定位：包括以短句表述设计定位，以词语列出各项功能指标。要求依据准确，表达正确。

3）设计方案：即徒手表达设计方案，要求以图示分析各种实现功能的可能性，寻求最佳解决方法。方案不少于 5 个，每个方案为独立页。要求草图清晰、分析充分，包括解析结构、标注材料、尺寸与人机关系等。

4）定案分析：解释确定方案的观念创新性、功能合理性等。

（7）设计效果陈述与表达。内容及要求如下，一般不少于 4 个页面，要求图文并茂。

1）创新性分析：课题设计如何进行观念创新、功能创新、形态创新。建议使用故事版表述。

2）合理性分析：课题设计如何适合消费心理，使用机能、材料结构、形态色彩、人机关系、语义视传等如何实现了定位要求。

3）可行性分析：方案的市场可行性、生产可行性及使用安全性。

4）效果图专页：充分表现结构、形态、界面、材质、色彩光效、构图、细节，要求以一个主体图为主并多视角表现。

5）制图：详细规范标注尺寸，要求绘制节点图，列出材料单，不能仅以简单三视图表现。

6）模型照片：要求结构与比例准确，表面精度、细节、色彩的细腻表现。

7）展示：展版小样。

（8）课题总结。

1）客观总结课题研究收获及感悟 300 字左右，要求表现专业性，避免虚假、空乏、庸俗的陈阅。

2）向指导老师等致谢。

5.2.2 专题设计的展示版面

专题设计的版面是展出的主要内容之一，是专业设计成果的重要表现形式，版面通过文字、图片、图表、色彩、构图形式等，系统且专业、规范地将专题设计的设计元素和信息传达给参观者。

专题设计版面的制作要求：

（1）采用轻质材料（如 KT 版、易拉宝、纸张、广告布等）。

（2）版面尺寸为：竖版，高：1200（2000）mm，宽：900（1200）mm。

（3）版面页面采用电脑写真、喷绘、手绘、拼贴等方法和技巧。

（4）版面内容要求：格式统一，必须注明专题设计的课题名称、年级、班级、学号、姓名、指导教师姓名以及版面的序号。

（5）版面安装要求：必须考虑到版面安装的附件及方法（如：广告钉、挂镜钩、背钩、双面胶、图钉、胶带、胶水、钓鱼线、及时贴、美工刀以及剪刀等）。展示版面设计范例见图 5-2。

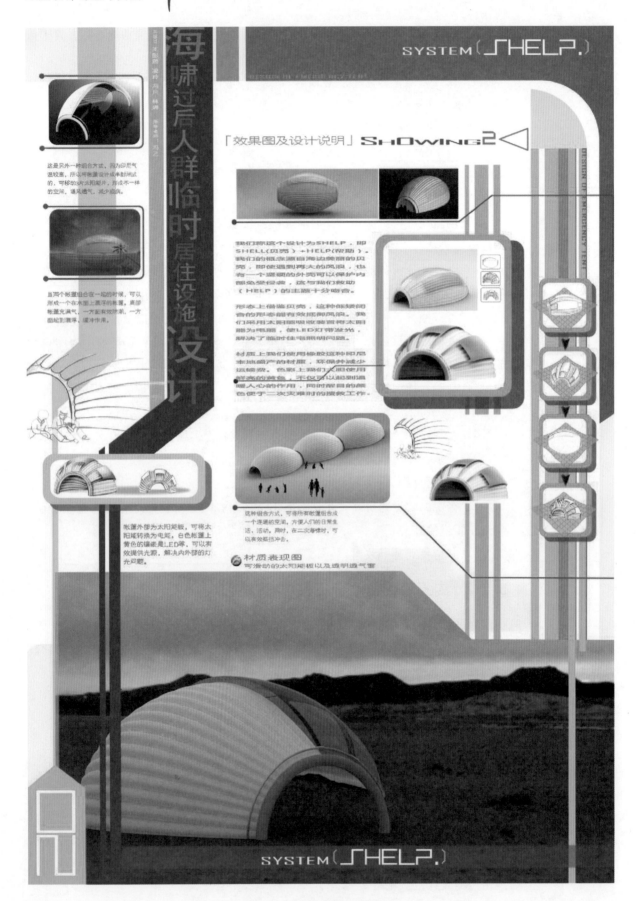

图 5-2 展示版面设计范例

5.3 专题设计作品展览

专题设计展示的方法和形式多种多样。专题设计作品展通过在实际场地、互联网平台展览等多种方式展示，可以获得更多的社会广泛关注，从而传播学校的办学影响力。专题设计通过多元化的展示手段，将会得到包括业界专业人士在内的参观者的肯定，甚至会带来社会合作资源，为学生毕业后的就业提供帮助。

5.3.1 注重展示设计的人性化

在现代展示设计中人性化设计是展示设计的根本，人是作为主体来观赏、领悟展示的内容，因而也是最重要的研究对象。21 世纪以来，社会学家和心理学家对参观者的认知心理、环境行为做了许多研究，其成果直接在展示设计中得到了运用。如国外的很多展示场馆十分重视参观路线和照明等观赏环境的设计，注意为儿童、老年人、残疾人服务，绝大多数考虑了无障碍设计，有些还设有儿童游戏室等。他们不仅考虑为公众提供陈列空间，还考虑到各种为公众服务的辅助场所。在信息时代，融科技和艺术于一体的展示设计呈现出更人性化、更亲切、更强调人在展示活动中的地位以及物质与精神上的全方位需求，要想使展示信息有效地传递给参观者，并使他们从中获益，就要求设计者为参观者创造一个舒适而实用的观赏环境，要尽可能地满足参观者的信息、生理、心理需求。展示的效果是通过展示空间的氛围营造来实现的，也就是有些人所说的"场"。这个"场"的营造要有交流和对话的环境气氛，而不是喋喋不休的说教和填鸭式的灌输。要具有一定的亲和力，使受众在展示空间中体验到造型、材料、实物、图像、声音等，中介媒体都有了生命、活力、表情和情感，使展示空间有了像朋友聚会交流一样的感人魅力。专题设计汇报展览见图 5-3。

图 5-3（一） 专题设计汇报展览

图 5－3（二）　专题设计汇报展览

5.3.2　注重作品展览的参与互动性

　　展示的互动性设计最符合现代信息的传播理念，也更能调动参观者的积极性，提高他们参展的兴趣，这就意味着参观者并不是被动地参观，而是主动地体验展示内容。这也体现了设计者对于参观者的人文关怀，参观者已不仅仅是旁观者，而变成了探索世界奥秘的主人。早在 20 世纪 60 年代，世界上许多有远见的专家就提出了"寓教于乐"的观点，陈列室内"请勿动手"的牌子逐渐被"动手试试"所代替。展示设计打破以往单一的静态、封闭的展示方式，鼓励参观者在真实的环境中去理解、体验展品，让参观者直接动手操作，形成新意迭出的独特陈列。著名的美国芝加哥科学工业博物馆把公众带入地下真正的煤层，让人们亲自体验煤炭采掘的全过程。但在这些展示中，展品始终是展示信息传播的主体、设计的中心，其互动性是非常有限的。随着信息时代的到来、科技的进步、展示观念的更新，围绕着展示互动性的设计得到了真正意义上的体现。在 2000 年威尼斯建筑双年展中，参展者、设计师非常重视对互动性的设计。法国展馆将设计概念延伸至室外，一艘垂挂着白色纱帘的威尼斯汽船航行在展区之间，供参观者登船参与讨论，此时的展示道具已成为处在主动位置上运动中的主体。专题设计作品展见图 5－4。

图 5－4（一）　专题设计作品展

图 5-4（二）　专题设计作品展

5.3.3　注重展览的信息网络化

　　专题设计的作品可以利用互联网技术来进行展示，通过微信、微博、网页、小程序等多种互联网平台进行展示，快速精准地将专题设计的作品呈现给观众。互联网是近年来电子通信技术快速成长所产生的新兴产物。作为以资讯传达为目的的现代展示设计也迅速地采用信息技术，创造具有国际化、网络化快速展示的方法，通过国际互联网，展示信息可迅速地在世界上广泛传播，避免由地理位置、交通带来的局限，促进信息在国际间的频繁交流，从而达到展示的目的。设计作品网络展见图 5-5。

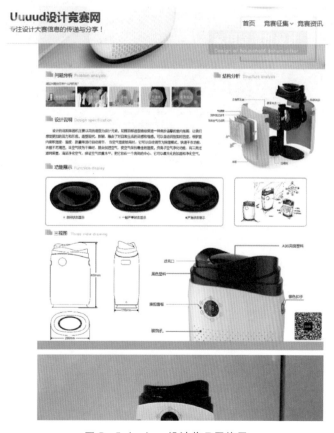

图 5-5（一）　设计作品网络展

图 5-5（二）　设计作品网络展

5.3.4　多元化展示手段

专题展示的手段包括文字、图形、数据、影像、动画、声音及特殊效果，并且可以通过计算机数字化及压缩处理充分展示现实与虚拟环境。随着计算机技术的发展，多媒体、超媒体技术的应用推广，极大地改变了展示设计的技术手段。与此相适应，设计师的观念和思维方式也有了很大的改变，先进的技术与优秀的设计结合起来，使得技术人性化，并真正服务于人类。它的应用，拓宽了展示内容及手段，进一步推动了现代展示设计的发展。多媒体和互联网方面的广泛应用和普及，使参观者通过更多的渠道，用现代化的手段了解信息并增强参与感和趣味性。设计作品展见图 5-6。

图 5-6（一）　设计作品展

图 5-6（二）　设计作品展

第 6 章

Chapter6

设计专题的案例

6.1 专题设计一：用于地震后的医疗设施设计

专题名称：地震灾后医疗设施设计

设计者：温尔雅、董方雪、冯琪、韩雪

指导老师：冯乙

6.1.1 选题背景

灾难在不经意间摧毁了我们的生活，天灾无情，灾后救援更成了所有人关注的问题，因为一些救助措施可能会改变一个人一生的生活轨迹。汶川大地震、青海玉树地震震惊了全国乃至全世界，更震醒了人们对灾后救援的高度关注意识。看屏幕中灾民只能躺在大马路上进行紧急救援，这让设计团队对现有的灾难救助产品有了更多的思考。设计团队注意到很多商业化的设计外表光鲜却缺少人文关怀，面对这样的灾难与悲剧，人们必须不断反省，从设计的本质上来探索设计的意义——"为生命而设计"。

设计团队从这个设计愿景出发，针对地震灾后医疗设施的不方便性和烦琐性进行改造系统设计。

专题采用了图 6-1 中的设计流程。

图 6-1 地震医疗救助设施专题的设计程序

6.1.2 定义用户需求

前期调查针对现有救援医疗设施概况、使用环境、使用人群等相关要素进行了分析。地震中一部分是重伤患者，还有大多数的是轻伤患者，需要擦伤、心灵抚慰等一些简易治疗，进而设计了一个供灾后暂时休息和轻伤救助的设施。

1. 地震废墟环境

地震灾害为突发性的灾难事故，受灾人群需要在短时间能得到及时救助。地震灾后的救援特点为：

（1）医疗设施要出现及时，要在第一时间内抢救生还者。

（2）不同的医疗设施要有针对性地抢救不同伤情的伤者。

（3）道路被地震破坏，普通救援设施要抵达救援现场。

（4）医疗设施有较强的庇护能力，能在某地驻留，及时解救大量的被压埋的伤者。

地震后的救助环境见图6-2。

图6-2 地震后的救助环境

2. 需要深度救治的人群

设计团队通过调研分析，对救助对象进行了人群细分，将被救助人群分为轻微伤人群、伤患老人群、轻伤人群、重伤人群和少年儿童5个细分组，详细细分见表6-1。

表6-1　　　　　　　　　被 救 助 人 群 细 分 表

人群细分	救 治 任 务	特征关键词
轻微伤人群	可以就地进行大量的救治处理，需要时间等候	人员多、轻微处理、时间长、不同年龄层
伤患老人群	志愿者可以参与生活的临时照顾	轻伤老人、无需专业治疗、生活照顾
轻伤人群	为皮肤擦伤的成年人做消毒处理以及检查	轻伤、中年人、消毒处理、开放创伤的治疗、其他检查

人群细分	救 治 任 务	特征关键词
重伤人群	为重度受伤人群提供手术紧急救治	手术台、手术灯等设备，主治医生、灯光、重伤人群紧急处理手术
少年儿童	为少年儿童提供救治、陪伴和心理疏导	少年儿童、注射治疗、时间休养

6.1.3 产品研究

1. 产品现状研究

（1）简单的担架。

优点：在山路、石路、水路的运输过程中方便，灵活，造价便宜，可以就地取材。

缺点：拖延时间，增加了病重率。花费大量的人力物力和时间。简易担架见图 6-3。

图 6-3 简易担架

（2）简易帐篷。

优点：可以收容大量的伤病患者。

缺点：只能进行轻微处理，环境嘈杂，各种伤患，抵抗余震等二次伤害能力较差。简易帐篷见图6-4。

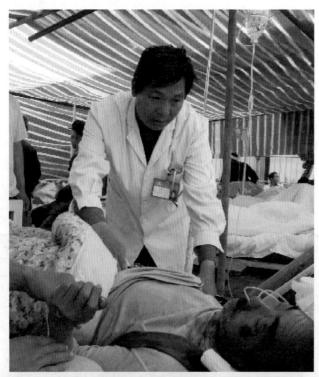

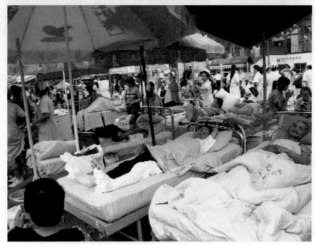

图6-4　简易帐篷

2. 产品使用的条件分析

为提高产品在救灾过程中的运输效率，将可拆卸性作为创新的关键技术，将一个单元空间拆成三块板来运输，大大提高了运输效率。灾难摧毁了水供应系统，用水成了关键性问题，怎样充分利用自然资源也是设计中要考虑的问题，所以顶板与两边侧板不同，应具有过滤功能，雨水可以落在这些凹陷处，过滤出来净水通过引导管，可以打开开关后直接饮用。

设计方案需要考虑在冬天环境下的使用，低温是影响产品使用的一个重要因素。所以顶板是太阳能板，将太阳能转化成热能，提升整个空间的温度，让患者可以更快地恢复。

3. 产品结构设计需求分析

为方便运输，座椅的设计采用了翻转的形式，它可以迅速拆装，以满足在人流量大的空间里使用，座椅损坏后可随时更换。同时，也考虑到输液时手的放置，设计了内嵌的搁板，节省空间、方便取用。考虑到大量的人群需要休息，伤患者需要亲属的陪伴，所以，设施的外部，将推拉式的窗户与墙壁一体化，窗户开启的同时形成外面的荫蔽。

4. 产品色彩设计需求

灾难让整个地区蒙上一层灰色，人们心情沮丧。所以，色彩设计方面使用了亮绿色和白色搭配，象征希望和生命。醒目的色彩，能让人们在一片废墟中一眼就看见这个救助中心，仿佛在废墟中看到生长的新芽，给人以希望。产品采用模块化的组合方式，可根据不同的需求与地域组合拼接，形成一个可拓展的医疗设施。

6.1.4 问题总结及转化成设计概念

1. 根据调研结果，总结设计要解决的核心问题

根据调研，设计团队总结出了以下几个问题：

（1）地震废墟的环境为破坏性山路居多，道路艰险，各种次生灾害频繁。

（2）能提供简易制作的担架，就地等候处理；设施空间可以容纳大量伤患人员，救护车的少量运送，救治从简处理无设备。

2. 通过设计解决问题的方法

医疗设施方便运输，可以利用各种地形方便移动，以最快的速度运到事发地点。设施要坚固，能够防止余震或者其他灾害的发生。医疗设施应最大化地利用当地材料，以便在短时间内得到较大的产量。另外，通过对受伤者进行分类，设计不同类型的医疗设施，以最大程度地利用资源。

6.1.5 概念方案

设计团队综合以上调研结果，绘制了多种设计方案。设计概念方案考虑了以下几个方面：

（1）可与运输车结合，进行重伤人群的运送、移动或充当紧急手术室。

（2）医疗设施的材料可以是多种组合式。顶部材料能够防压、防埋，甚至可以抵御泥石流地区的地质灾害。可以是钢材与当地材料的优化组合。

（3）模块化的医疗设施设计，易于组装。产品顶部采用钢材，侧面运用塑料或当地的竹材、木材等。产品可用顶部采光方式，最大化地利用自然光源。

（4）采用一次成型的加工方式，模块化设计，方便组装和大批量的运输，到达目的地后也能快速组装。设计概念方案草图，设计概念方案草图细节部分见图6-5和图6-6。

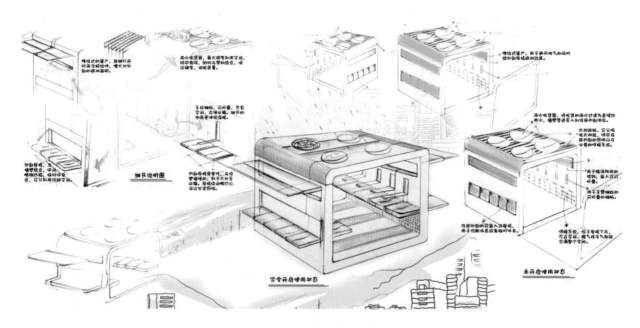

图 6-5　设计概念方案草图

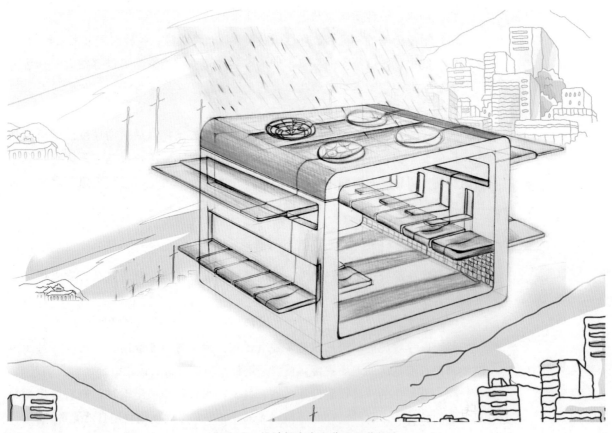

图 6-6　设计概念方案草图细节部分

6.1.6 方案深化

1. 功能

在满足灾后医疗救助的基本要求之外，本方案提供了多种空间改变的设计解决方案，综合考虑了照明、通风、储物、废弃物品处理、消毒清洁等功能，采用模块化设计，可以快速搭建单个或多个单元组合体，适应不同的灾后医疗救助需求。

2. 材料

材料采用一体成型的高强度工程塑料，重量轻、强度高、易于制造和运输。

3. 色彩

为便于受灾群众识别，本医疗救助空间采用整体白色、局部亮绿色的色彩设计，突显绿色、安全、宁静的视觉感受。设计方案深化效果图见图 6-7。

图 6-7 设计方案深化效果图

6.1.7　方案使用场景

地震灾后医疗设施可适应多种地形，组装搭建之前只需简单平整一下地面即可。设施外部有等候座椅，供受救助人群休息。本设施不仅满足了灾后医疗救助的基本功能，还综合考虑了环境、景观等方面的因素，给地震灾后救助提供极大的便利。设计方案使用场景效果图见图6-8。

图6-8　设计方案使用场景效果图

6.1.8　设计方案总结

以往应急房屋住所装置的设计，强调的是对"空间"的造型、功能、结构和人机尺寸的设计和研究。现在从系统认识的角度看，应急房屋住所装置设计是解决整个灾后生活便利系统的一个组成部分，这是一个典型的产品系统设计，主要包含两方面内容："解决住的问题"和"解决其他生活方面的问题"。"自然灾害后居民的住所装置"是目标系统概念的另一个方面，是目标系统的核心——产品系统。分析认识这个产品系统概念、内容和特征是进行产品系统设计的前提。这个产品系统主要包括各种灾害后的住所收集装置，如地震、涝灾、火山喷发等。另

外，这个产品系统还涉及空间内的公共设施（照明、饮水、光照、医疗等）系统、
环境构成（容纳力、行为特征）系统等。

6.2 专题设计二：洪水灾害救援应急居住设施设计

专题名称：洪水灾害救援应急居住设施设计

设计者：罗江威　陈冉祎　贺雨薇　李源　王姣

指导老师：冯乙

6.2.1 选题背景

洪水是自然灾害，是暴雨、急剧融冰化雪、风暴潮等自然因素引起的江河湖
泊水量迅速增加，或者水位迅猛上涨的一种自然现象。从客观上说，洪水频发有
其不可抗拒的原因，可以说是"天命"难违。洪水灾害是我国发生频率高、危害
范围广、对国民经济影响最为严重的自然灾害，也是威胁人类生存的十大自然灾
害之一。据统计，20 世纪 90 年代，我国反洪灾造成的直接经济损失约 12000 亿
元人民币，仅 1998 年就高达 2600 亿元人民币。水灾损失占国民生产总值（GNP）
的比例在 1‰～4‰之间，是美国、日本等发达国家的 10～20 倍。

洪灾现场图见图 6-9。

图 6-9　洪灾现场图

洪灾后人们面临的难题：洪水过后，人们面对许多问题，如房毁路断、疫情弥漫、缺水断电、无家可归、亲人离散等。相关的应急救援设施是十分重要的，及时有效的救援设施不仅可以缓解灾情，而且可以让慌乱的人们找到希望，尽可能减少天灾造成的损失。在所有的救援措施中，人们的应急住所是十分紧迫的，我们需要在最短的时间内建造较为安全稳定的住所。

6.2.2　定义需求

洪水带来了一系列问题，灾后人们在生理和心理上都有不同往常的需求，设计团队通过调研，进行了如下分析：

（一）面对洪水灾害人们的生理需求

（1）住房需求，洪水会让人们无家可归，因此住房问题是首要问题。

（2）医疗需求，洪水过后会给人们带来伤病，需要相应的应急药品预防传染病和肠胃方面的疾病。

（3）饮水饮食安全需求，洪涝灾害期间，基础设施被破坏，饮水饮食成为一大问题。

（4）物资需求，洪水切断了物质供应链，造成人们日常物资的紧张匮乏。

（5）通信需求，包括收听收看天气预报，及时有效地和外界进行沟通，方便预防工作展开。

（6）救援设施需求，人们被困时需要明显的求救和救援设备（如手电筒、哨子、旗帜、鲜艳的床单、衣服等工具，发出求救信号以引起营救人员的注意，以及二次洪水来时的急救设备）。需要救助的人群见图6-10。

图6-10（一）　需要救助的人群

图 6-10（二） 需要救助的人群

（二）面对洪水灾害人的心理需求

（1）洪水会造成日常生活的不便和物资的紧张，人们会感到烦躁和不安。

（2）面对随时可能发生的二次灾难，人们会感到焦虑和恐惧。

（3）面对亲人的离散、房屋田地等损失，人们会悲伤、郁闷和无助，并且对未来的生活产生彷徨和迷茫。洪灾后需要救助的人群见图 6-11。

图 6-11 洪灾后需要救助的人群

6.2.3 现有产品研究

1. 国内同类产品研究

国内主要应用的救援设备有：帐篷、皮筏、救生衣、急救箱等，还会配发被褥、保暖设备、水和食物等必需品。当水势减缓之后，一些水桶、扫把等排水工具也有一定的需要。帐篷是我国目前用于灾难救援居住方面的主要产品，它具有易于运输、便于搭建等优点，但与此同时它的稳定性不够，而且设施十分简陋。国内主要的洪灾后救援设备见图 6-12。

图 6-12 国内主要的洪灾后救援设备

2. 国外同类产品研究

国外的洪水应急救灾设备相对比较成熟，但是除了常有洪灾发生的国家以及一些发达国家注重洪水专门的设施设计之外，大多也是采用帐篷作为普通灾民的援救场所。国外洪灾救援设备见图 6-13。

图 6-13　国外洪灾救援设备

图 6-14 是一款将小船和房子结合起来的洪水应急救援设施的设计。该方案较好地结合了急救与安居这两方面的问题，既可以居住，也可以在紧急情况发生时及时逃离。

在荷兰美丽的乡村迈丝伯马河的岸边，聪明的荷兰人搭建起了水陆两栖浮动住宅群。当洪水来袭的时候，人们不用携带财产惊慌出逃，而是可以稳若泰山地享受水涨房高的全过程。当水位上升的时候，这些房屋也跟着上升，最高上升幅度可达 5.5 米。建造这些房子所用的建筑材料都比普通建筑要轻，具有防水、防

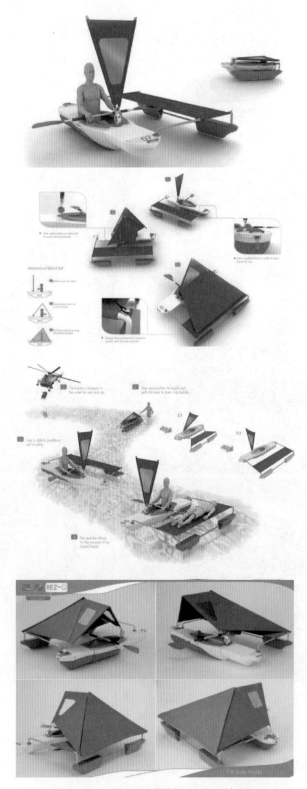

图 6-14　洪水应急救援设施的设计方案

腐的功能。它的地基都是空心的水泥箱子，下面有垂直的桩子来做固定，保证洪水上涨时房子不被大水冲走。水电、网线等都是通过可以伸缩的管子输入到房间内部，随水位一起上升。荷兰水陆两栖浮动住宅群见图 6-15。

图 6 - 15　荷兰水陆两栖浮动住宅群

6.2.4　问题总结及转化成设计概念

1. 要解决的问题

根据调研结果，总结设计要解决的核心问题如下：

（1）现有的救助空间设施在功能上不能满足人们的需求，只是最基本的围合起一个私密空间，在保暖、防潮、防风、坚固程度等方面均有待考量。

（2）在外观及造型的设计方面，一些过去的设施设备往往为了操作简单而在造型上粗枝大叶，灾后的群众无论是在生理上还是心理上都需要援助，过于简陋的居住环境会给人们的心灵造成另一种创伤。

（3）现有的救灾系统虽然具备易运输、易搭建等优势，但是在紧急情况的应对方面稍显不足，很容易在突发灾难时，造成失去援救时机，导致人员伤亡。

2. 解决问题的方法

设计团队通过分析和总结，认为本项目设计需要具有以下特征，以解决前面调研总结的问题。

（1）提供足够的空间和隐私性。

（2）提供便捷的拆装和方便收纳物品。

（3）模块化单体设计，灵活多变，根据具体需求进行组合使用。

（4）坚固耐用，能应对紧急情况。

（5）给人以安全感的设计。

3. 设计概念定位

设计方案定位在便于运输、易于搭建、可随意组合、能够营造私密空间、稳定性强的系列模块化应急居住设施。

6.2.5 概念方案

设计团队根据前面的设计定位，绘制了 4 款不同的概念方案草图，见图 6-16。

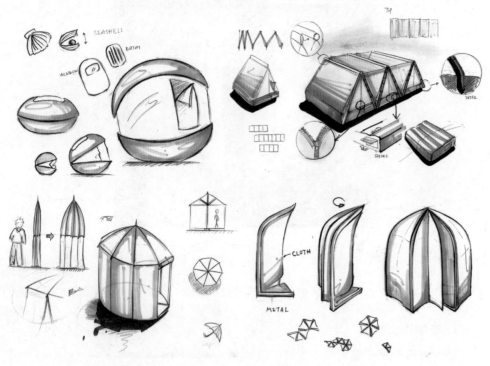

图 6-16 概念方案草图

6.2.6 方案深化

设计团队对产品的功能、材料和色彩进行了深化。

（一）功能

为洪灾过后的受灾人群提供基本的居住空间。本方案为方便运输和搭建，采用了折叠式结构，易于快速搭建。产品收纳后体积小，便于运输。

（二）材料

内部：使用金属结构，具有较强的稳定性，同时为快速折叠提供了可能。

外部框架：外部采用尼龙布面，可以防水保温。

（三）色彩

为便于救援和易于识别，产品使用橙色。色彩鲜明，营造温暖、安全的视觉感受。设计深化见图6-17。

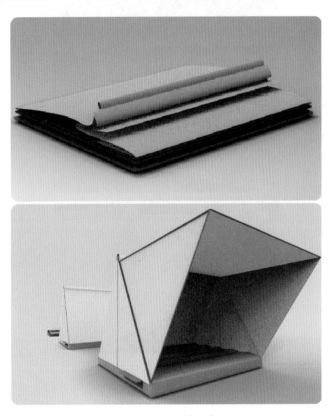

图6-17 设计深化

6.2.7 使用场景分析

本设计方案解决了当前救灾用帐篷不易搭建的问题，并且使用一体化节省了搭建操作。在组合方式上，这个设计有更多的灵活性和宜人性，更符合实际需求。在隐私保护上，用户根据自己的情况，可以选择单体或者是组合，这样的方式为用户的心理提供了更大的关注，使得此设计能更好地契合用户各种情况下的心理需求。产品使用场景见图6-18。

图 6-18　产品使用场景

6.3　专题设计三：暴风雪避难所设计

专题名称：暴风雪避难所设计

设计者：安诗乐　段思奇　李根　陈炽锋

指导老师：冯乙

6.3.1　选题背景

社会发展以及物质生活的极大丰富，为人类征服自然以及挑战自我提供了更多的便利和保障，从古至今，人们就没有停止过攀登的脚步，远到专业登山队员的极限，近至普通驴友的休闲，但是安全问题始终是登山运动的头等大事。在登山过程中，我们常常会遇到各种日常生活中不易碰到的恶劣天气以及突发情况。面对突如其来的状况，我们除了本来所带装备物资以及心理的抵御之外，还应该有一套完整的应急预案。它旨在解决困境中人们对居住空间方面的基本保障需求以及特殊背景下的情感需求。应急设施设计具有区别于其他建筑类型的特殊的社会及功能属性，如灾后应急性、地域性、可实施性等，而这些属性触发了对相应的设计原则与策略的重新思考。

应急设施设计是一个具有国际普遍性的研究课题，可以说绝大多数场所都有可能发生潜在的危险，尤其是灾后重建的应急性设施更是迫在眉睫，地震、洪水、台风、暴风雪等自然灾害时不时就在我们身边发生，而此类方面的设计恰好可以减少我们的人员和财物损失。暴风雪救援及避难场所见图 6-19。

图 6-19　暴风雪救援及避难场所

此次我们小组的研究课题是研究高海拔地区暴风雪等自然灾害应急居住设施设计的思路和方法。包含对可实施性、操作性、环保性等要求所进行的建筑材料、结构形式以及内部布局上的探讨研究。同时，从视觉心理学、色彩理论等领域展开对受灾人群给予情感关怀的设计策略思考，使高海拔暴风雪应急设施设计不仅体现必要的功能性，也传递深层次的人文关怀。

6.3.2　定义需求

1. 使用场景分析

在登山中，暴风雪危险程度分为三种等级，黄色预警信号预示 12 小时内可能会出现对交通有适度影响的降雪，这种情况下登山人员可以选择继续行进或者短暂停留观察天气；橙色预警信号预示 6 小时内可能出现对交通有较大影响的降雪，或已出现对交通有较大影响的降雪并可能持续，登山人员需减缓行进速度，或者停下扎营等待天气好转，也可以保险起见打道回府；当出现红色预警信号则表示 2 小时内可能出现对交通有很大影响的降雪，或已出现对交通有很大影响的降雪并可能持续。出现红色预警信号时登山人员一般选择返回营地或者自己搭建应急帐篷，如果有可能也可以寻找就近的避难场所。暴风雪危险程度分析见图 6－20。

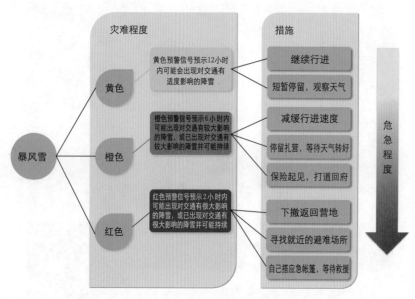

图 6－20　暴风雪危险程度分析

当出现红色预警信号时山体开始积雪，风力增大使能见度降低，这些都加大了返回营地的困难度，甚至因为温度急剧下降，更易受伤冻伤，且第二次攀登易导致体力衰竭，因此一般情况下登山人员不会选择返回营地，而是选择搭建应急帐篷或者寻找就近避难场所。登山人员应急决策见图 6－21。

2. 定义需求

分析上述问题，我们可以将目前相对空缺的人工避难所方面作为我们的设计方向。故而可以得出结论：我们需要的是一个挡风性、保暖性、坚固性都良好且易被救援队员发现的人工避难场所。此避难所应具备 5 个属性：①为避难提供多种可能性；②满足人的基本需求；③将气候的负面影响降到最低；④可较长时间停留；⑤提高人在极端环境下的舒适感。

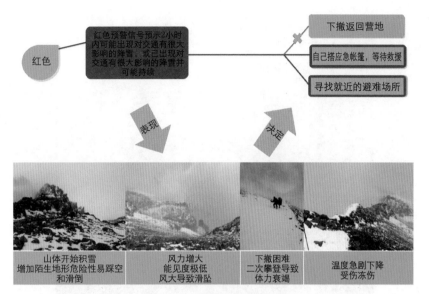

图 6-21　登山人员应急决策

6.3.3　现有产品研究

设计团队分析了登山遭遇暴风雪时不同措施的优劣势比较。自搭应急帐篷有便携、成本低、色彩鲜艳易被救援人员发现等优点，但其缺点也是极其明显的，应急帐篷防风性、保温性、坚固性差。湿气重，不够坚固，易被积雪压塌，而且登山人员在搭建帐篷的过程中会浪费时间消耗体力，因此降低了存活率。面对登山过程中强度较大的暴风雪，应急帐篷无法提供长期生存。自搭应急帐篷的优缺点分析见图 6-22。

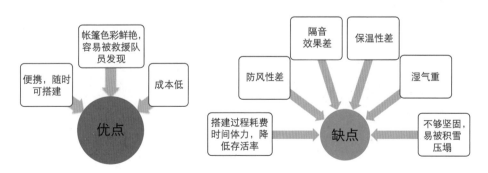

图 6-22　自搭应急帐篷的优缺点分析

另外，就是寻找就近的天然避难所，比如山洞和雪洞等。山洞挡风性好，也可较长时间停留，但是在短时间内找到山洞的可能性太小；雪洞保暖性好，也易操作随地可挖，但是雪洞不便久留，也不易被救援队员发现，亦不可取。国外雪地临时居住场所设计方案见图 6-23。

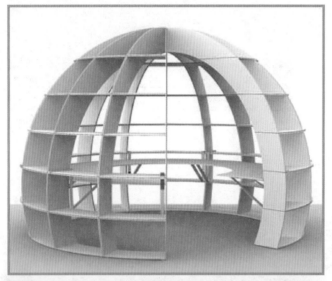

图 6-23　国外雪地临时居住场所设计方案

6.3.4　问题总结及转化成设计概念

（一）设计目标

在高海拔极冷环境中，人的基本生理需求是热源、食物和体力恢复；对环境基本的心理需求是缓解紧张情绪，温暖舒适。

（二）使用环境分析

设计团队把使用环境通过色彩意向进行了归纳，归纳结果如图 6-24 所示。

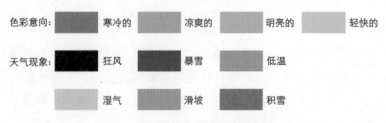

图 6-24　使用环境色彩意向分析

（三）设计灵感来源

从需求分析和环境分析中可以看到，人的需求和实际的环境是矛盾的。因此，我们需找到一个平衡点，既要符合建筑的物理性质，又要适应环境，还要符合人的心理需求。

因此我们联想到了北极地区爱斯基摩人居住的圆顶雪屋。这种圆顶雪屋（见图 6 - 25）利用暖空气上升的原理来保持室温。

图 6 - 25　爱斯基摩人的圆顶雪屋

在构造方面，爱斯基摩人的雪屋分为内外两层。里层是有一定弧度的雪块砌墙，建造者在里面砌墙，将顶封死之后人会被封在雪屋里，然后在底部挖出一条通道作为出口。这个通道从两方面保持室温：第一，由于通道在雪下，因而风和冷空气不能直接进入屋内；第二，由于采用地道入口，暖空气向上聚集在屋内，人睡觉的地方就暖和多了。根据资料显示，里外可以提供近30℃的温差。设计灵感分析图见图6-26。

图6-26　设计灵感分析图

6.3.5　概念方案

该设计方案共分三个部分：内室、通道、地上入口，有别于传统避难设施。该设施可为固定设施，可设置在较高海拔的危险地段。根据每个地区的不同特点，以及人群密度，设施建造密度可进行较大范围的调节。设计概念方案图见图6-27。

（一）内室

（1）内室是由钢筋构建的中空形框架结构。这种结构形态不仅坚实有力，而且由于其内部空隙可以填充不流动的空气，从而形成隔热层来保持室温。

（2）内层玻璃窗可以在暖季提供360°全景视角。

（3）室内设有基础设施，床头柜、玻璃屏障等。

（二）通道

（1）通道阻止冷气进入内室，并因暖气上流使暖空气聚集在内室而保持室温。

（2）通道可做地下活动室。

（3）通道处可储备物品。

（三）地上入口

地上入口设计橙色高架旗标，便于救援。

6.3.6　方案深化

设计团队对设计方案的功能、材料及色彩进行了分析与完善，对产品的内室、通道、地上入口的设计细节进行了深入细致的研究，具体分析如图6-28所示。

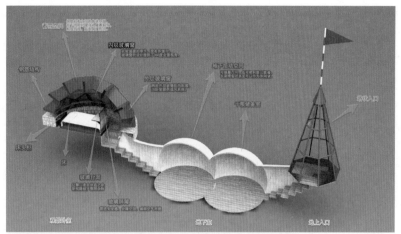

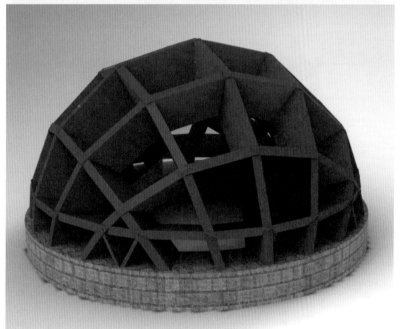

图 6 - 27　设计概念方案图

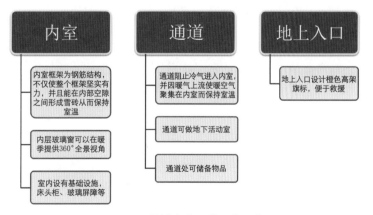

图 6 - 28　设计方案细节深化示意图

（一）功能

在满足避难所的基本要求之外，本方案提供了多种可能性，不仅加入现代的设计元素，还增加了观景、储备室等功能。

（二）材料

内部：使用木结构，具有较强的保温性能，同时，木材也具有较好的亲和力。外部框架：外部采用钢结构设计，具有很高的强度和抵抗恶劣天气的能力。外部底座：石材构建，具有较好的稳定性。

（三）色彩

为便于救援，避难屋外部钢结构和入口处高架旗标都使用橙红色。内部保持木材原色调，营造温暖、安全的视觉感受。设计方案优化分析见图6-29。

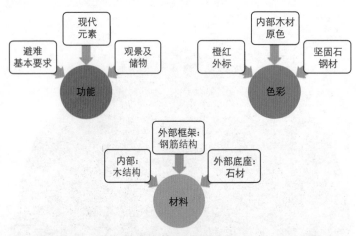

图6-29　设计方案优化分析

6.3.7　使用场景

本设计的使用场景为暴风雪等恶劣天气下的高海拔地区，力求为自然灾害环境下设计一款应急的居住设施。设计方案通过系统化设计思维，把设计对象看作一个整体，综合地研究系统中的相互作用和变化规律，把握住对象的内环境与外环境的关系，实现了设计的总体目标。

本设计专题的目标是研究高海拔地区暴风雪等自然灾害应急居住设施设计的思路和方法，对设计方案的材料和结构形式进行分析研究；同时考虑受灾人群的情感需求，使高海拔暴风雪应急设施设计不仅体现恰当的功能性，也能传递深层次的人文关怀。产品使用场景见图6-30。

6.3.8　设计方案总结

设计方案通过系统化设计思维，把设计对象看作一个整体，综合地研究系统中的相互作用和变化规律，把握住对象的内环境与外环境的关系，实现了设计的总体目标。本次课题的目标就是研究高海拔地区暴风雪等自然灾害应急居住设施设计的思路和方法，包含对可实施性、环保性等要求所进行的建筑材料和结构形

图 6-30　产品使用场景

式上的探讨研究；同时从视觉心理学、色彩理论等领域展开对受灾人群给予情感关照的设计策略思考，使高海拔暴风雪应急设施设计不仅体现恰当的功能性，也传递深层次的人文关怀。

附录 A 专题设计作品的评价

通过对专题设计的评价和分析，培养学生的设计感知能力，合理评价设计的质量，改善学生的设计思维能力以及鉴赏设计的各种不同价值。

重点：对课题进行综合评价。

难点：通过对专题设计的总结和评价结果，找出对应的策略和方法。

专题设计的评价要素

A.1 设计选题的创新性

创新是工业设计的根本，设计本身的创新也就是产品创新的范畴。

A.2 设计的实用性

实用是工业设计的目的，而消费者生理上的需求就是消费者的实用需求。

A.3 设计程序环节

"没有规矩，不成方圆"，工业设计过程是一个科学而又严谨的研究、实践过程，没有合理的、规范的、科学的、统一的执行程序和设计环节，是无法真正完成优秀的工业设计的。

A.4 专题设计评分考核标准

优秀（90分以上）

良好（80～89分）

中等（70～79分）

及格（60～69分）

不及格（60分以下）

附录 B 用户调研的深度访谈大纲

提示：以下所列的内容仅是访谈中涉及的一些主题章节和问题，主持人可以在实际的访谈过程中调整内容的前后顺序并修改问题。

预计访问时间 60～90 分钟。

请准备录音笔，并全程记录，便于后期资料整理。

B.1 开场和访问介绍（5 分钟）

介绍研究的目的，主持人自我介绍，研究目的与注意事项。

鼓励受访者畅所欲言，直接表达自己的任何想法或感想而不必有任何顾虑，不存在正确或者错误的答案；解释录音设备，照相；强调对用户信息的保密性；请受访者关闭手机或静音。

受访者自我介绍，包括姓名、职业、家庭成员、学习或工作情况。

主持人需要在访问前，详细研究受访者的日记，并在访谈中结合日记中的信息进行访问。

B.2 了解用户的生活形态和价值观（25～40 分钟）

B.2.1 兴趣和爱好

您平时在业余时间都有哪些兴趣爱好？

主持人注意：追问时需要挖掘到用户业余休闲的具体方式，如最开始是如何喜欢上这类活动的？为什么后来经常参与？有什么特别的意义？和谁一起？程度如何？是否有到极致？具体极致到什么程度？

下面针对各项活动的细致提问只是举例，并不要求受访者全部作答。

比如音乐：

—具体的类型，如古典/流行/摇滚等。

—最喜欢的歌手、歌曲是什么？为什么？

—通过什么设备来听？

—是否会参加和音乐相关的活动？如演唱会、去酒吧等。

比如电影：

—影片类型，如动作、科幻、爱情、喜剧等。

—如何选择观看什么电影？如看热映电影、看影评等。

—看电影的频率？和谁一起？在哪里看？何时观看？

—为什么喜欢看电影？

比如运动：

—具体的运动类型，如球类/极限/攀爬等。

—为什么喜欢这种类型的运动？

—频次？在哪运动？家/健身房/会所等。

—通常和谁一起运动。

比如旅游：

—喜欢什么样的景点类型，如山水/人文/都市/异域？为什么？

—通常和谁一起？是否有固定的旅游或度假计划？

—最远去过的地方或理想中的旅游/度假胜地？

比如阅读：

—喜欢阅读什么类型的书？如小说、散文，为什么喜欢？

—通常在什么时候阅读？

—看纸质书还是电子书？

—用什么设备看？为什么？

比如游戏：

—虚拟游戏（手游、网游）还是实体游戏（桌游）？

—最常玩的游戏是什么？这个游戏最吸引你的地方是什么？

—用什么终端设备玩游戏？为什么？

比如休闲娱乐：

—常去的休闲娱乐场所有哪些？为什么喜欢去这些地方？

—通常和谁一起去？什么时候去？会待多久？进行什么活动？

—最开始时如何知道这些地方的？

—后来为什么喜欢经常去？

比如购物：

—通常喜欢去什么地方购物？为什么？例如商场/小店等。

—逛街的频率、时长、和谁一起？

比如培训：

—您是否参加过，或想要参加一些专业的培训？

—如果有，是技能相关度的培训、还是和兴趣爱好相关的？例如烘焙/茶道/插花等。

B.2.2 服饰风格

您在个人着装、配饰方面，喜欢什么样的风格？

希望自己着装给人什么样的感觉？比如：舒适、个性、商务、干净等。

—请向我们展示您最喜欢或者能展示您的审美观和穿衣风格的衣服、配饰等。

并告诉我们它们如何展现了这一点。

—您在服装服饰的购买上，会考虑哪些因素？其中最重要的是哪些？

—价格？品牌？风格？

—您通常会选择什么服装品牌？为什么？

B.2.3　消费观与品牌观

您平常每月的生活费大概是多少？

—主持人注意：根据现场情况，如果被访者开场比较拘谨，或者周围有其他同学、家人在场，就在访问结束的最后再询问。

生活费的来源是？

—是否会自己打工赚取？如果会，父母给的和自己打工赚取的，分别占比多少？

您平常主要的花费在哪些方面？

—比如：吃（包括聚餐）、玩（如聚会、唱歌）、服装、箱包、化妆品、科技产品、日用品。

您在消费时是否关注品牌？在哪些品类上特别关注品牌？为什么？

您觉得哪些品牌是时尚的、有设计感的？具体体现在哪些方面？

—为什么这么觉得？

针对每个电子科技类产品，您觉得怎样的品牌是好的品牌？

—如何形容这个品牌？

—这种印象来自哪里？

B.2.4　信息渠道

请问您通常会从哪些渠道获取资讯？追问具体渠道，关注消费者对自媒体与大众媒体的偏好度。

—网络：网站（板块）、应用；

—电视：电视台、节目；

—纸媒：报纸、杂志、书；

—广播：电台、节目、网络电台；

—朋友家人。

B.2.5　自我认知

您觉得自己是什么性格的人？

—在哪些方面可以体现？

在同学、朋友、周围的人心目中，您是什么样的人？他们会如何描述你？

在家人心目中（父母/配偶/孩子），您又是什么样的人？

B.2.6　学业观

下面想请您向我们分享一下您的学习生活安排，您现在在读什么专业呢？学习压力大吗？

——在平时的生活中，您是如何安排学习的？请描述一下您现在学习状况的典型一天，比如学习方式、学习环境、时间安排、学习心态等。

您对目前的学业状态如何评价？

——学习带给您什么感受？进展是否满意？具体原因是什么？

——对目前的学校和专业是否满意？

——您学习的动力是什么？

未来是准备进一步深造还是就业呢？您都设定了怎样的目标？

——主持人注意：挖掘用户对学业和未来的态度和考虑。

B.2.7 社会交往

您有哪些主要的朋友圈？

——您是如何认识的这些朋友？

——你们通常如何联系？见面还是通信工具？会聊什么样的内容？

——跟朋友在一起时通常做些什么？跟朋友经常去哪些地方？

B.3 对电子产品的使用和购买（20～40分钟）

您都有哪些电子产品？包括：手机、台式电脑、手提电脑、平板电脑、电子阅读器、视频/音乐播放器、游戏机、数码相机等。[如果与日记重复，就不必再细致追问]

——这些电子产品分别是什么品牌和型号？

您对电子产品感兴趣吗？

——如果感兴趣，您会关注哪些方面？通过什么渠道关注？

您在购买电子产品时选择的设计风格，与您在其他方面偏好的风格一致吗？

——如果是，您的电子产品是怎么体现出这种风格的？请详细描述。

——如果不是，您对电子产品在设计美感上有什么要求呢？

照片拍摄：消费者家中所有电子产品、消费者示例的物件：整体、细节及LOGO、电脑：整体及细节。

B.4 电子产品认知，使用和购买行为（25～40分钟）

主持人：接下来，我们来具体聊一聊您是怎样使用和购买电脑的。

B.4.1 电脑使用行为

电脑主要使用场景（简单回顾日记内容）

从您的日记中，我们大致了解了您使用电脑的主要场景。现在想深入了解一下您最常用的几项功能，分别会在什么场景下使用、满意度如何。

您目前最常用的功能都有哪些？

—每个功能具体的使用场景是怎样的？

——一般会在哪些地方使用这项功能呢？比如家里、办公室、外出等。

——您会在什么时间使用这项功能呢？比如工作日、周末、长假、早上、中午、晚上、睡前、起床、等车、上下班途中、在公司、外出旅游时。

—您能给我演示一下这些功能具体是怎么使用的吗？

—注意：拍摄消费者使用场景的演示照片。

满意点、痛点、未满足需求。

B.4.2 电脑认知和态度

电脑在您生活中重要吗？为什么？

它在您生活中是什么样的角色？

—比如娱乐的工具/审美的体现/办公的助手等。哪个更为重要？

—比如与他人交流的工具？帮助生活和工作的助手？

[针对其拥有的其他电子设备，一一询问以上问题]

B.4.3 当前电脑购买流程

下面我想请您回忆并向我描述一下自己购买电脑的整个过程。在这个过程中，你做了哪些准备功课？如何进行产品对比的？最后是如何决定购买的？帮我详细描述一下过程。

主持人注意：

（1）挖掘用户购买电脑的购买路径图：购买动机，信息搜集，品类/产品对比，购买决策。

（2）请被访者尽可能自由回忆，并讲述整个过程。如下是主持人的追问点。

1. 购买动机。

—当时怎么产生购买/更换电脑的想法呢？

这台电脑是增购还是更换上一台电脑呢？

—对于增购用户：为什么增购，不同的电脑分别用于什么场合？

——对于换购用户：为什么替换原来的电脑？

购买过程，您最初考虑了哪几款电脑？为什么？

—是基于哪些考虑筛选出这几台电脑？

2. 信息搜集。

—您都通过哪些渠道了解电脑的信息了呢？为什么？您觉得该渠道的信息怎么样？

为什么您最终选择了这台电脑？它什么地方吸引了您？

—影响您最终购买决策的因素有哪些？请按照重要性排序。

当时设定的预算是多少？

—如果实际购机价格高于或低于预算，为什么？

3. 购买渠道

—最后您选择哪个渠道购买？线上、线下？具体的店名/网站名字是？

—原因是？

整个购买过程中，有没有小遗憾的地方？为什么这么说？

B.4.4　未来购机计划（只追问有真实购机计划的用户）

您是否已经计划购买下一台电脑了呢？

如果考虑，

—是替换当前的产品？还是完全增加一台新的电脑？为什么？

—打算什么时候购买呢？

预算多少呢？

预想购买一台怎样的电脑呢？

—哪些方面是这台电脑必须要具备的？

—哪些是这台电脑必须规避的？

—您当前的电脑进行怎样的完善，才会令您想继续购买这个品牌呢？

B.5　问题补充

其他参与者对感兴趣的内容提问 & 追问（5 分钟）

—访谈到此结束，感谢您的配合和参与！